宇宙的奥秘

英国Future出版公司　著

曾宪坤　译

SPM 南方传媒

广东人民出版社

·广州·

图书在版编目（CIP）数据

宇宙的奥秘 / 英国 Future 出版公司著 ； 曾宪坤译.
广州 ： 广东人民出版社，2024. 9. -- ISBN 978-7-218
-17881-3

Ⅰ. P159-49

中国国家版本馆CIP数据核字第 2024NR5313 号

著作权合同登记号：图字19-2024-173

YUZHOU DE AOMI
宇宙的奥秘

英国 Future 出版公司 著 曾宪坤 译

出 版 人：肖风华

责任编辑：吴福顺
责任技编：吴彦斌 马 健

出版发行：广东人民出版社
地 址：广州市越秀区大沙头四马路10号（邮政编码：510199）
电 话：（020）85716809（总编室）
传 真：（020）83289585
网 址：http: //www. gdpph. com
印 刷：天津睿和印艺科技有限公司
开 本：787毫米 × 1092毫米 1/16
印 张：9 **字 数**：205千
版 次：2024年9月第1版
印 次：2024年9月第1次印刷
定 价：68.00元

如发现印装质量问题，影响阅读，请与出版社（020-87712513）联系调换。
售书热线：（020）87717307

欢迎来到

《宇宙的奥秘》

▼

准备好探索我们不可思议的宇宙吧。从遥远的星系，到行星、月球以及我们太阳系中的小行星——你会发现大量关于宇宙的知识，并了解正在开发的新技术、望远镜和火箭，这些将揭示更多的宇宙秘密。对我们来说，探索太空既是旅程，也是目的地。

* 本书收录的资料大部分来源于太空网截至 2019 年数据。太空网（Space.com）成立于 1999 年，并迅速成为太空探索、创新和天文学新闻的主要来源，记录并庆祝人类在太空领域的不断扩张。

目录

宇宙及其起源

太阳系

宇宙现象

82

123

102

太空探索

最惊艳的太空照片

以下是太空网选出的一些天文摄影作品。

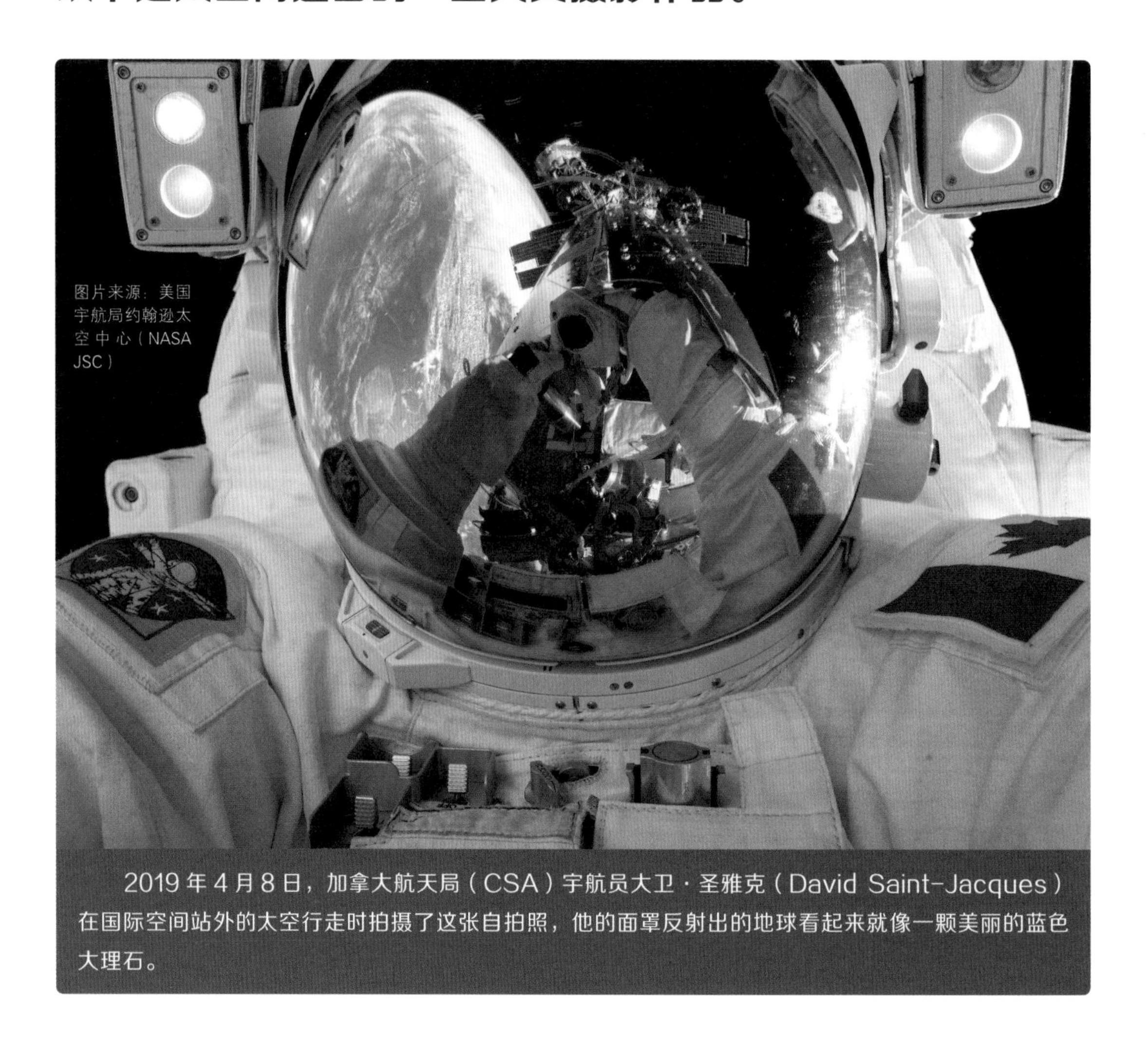

图片来源：美国宇航局约翰逊太空中心（NASA JSC）

2019 年 4 月 8 日，加拿大航天局（CSA）宇航员大卫·圣雅克（David Saint-Jacques）在国际空间站外的太空行走时拍摄了这张自拍照，他的面罩反射出的地球看起来就像一颗美丽的蓝色大理石。

图片来源：美国宇航局 / 欧洲航天局（ESA）/ 钱德拉 X 射线中心（CXC）

在距离地球超过 2 亿光年的星系群中游动的是所谓的"水母星系"，名为 ESO 137-001。这个太空是一个螺旋星系，很像银河系，但它有长长的"触角"，这是热气从星系盘流出而形成的。科学家们不确定气体是如何被剥离的，但美国宇航局曾计划在 2021 年发射詹姆斯·韦布太空望远镜后对它们进行前所未有的详细研究，由此可能会对这些"触角"的起源有所了解。这张图结合了哈勃太空望远镜的可见光图像和钱德拉 X 射线天文台（钱德拉太空望远镜）的 X 射线数据。

在这张由欧洲南方天文台的常驻天文摄影师彼得·霍拉莱克（Petr Horálek）拍摄的华丽照片中，五彩缤纷的宇宙“烟花”点缀着智利拉西拉天文台的夜空。在银河系的上方和左边是两团星云：被称为巴纳德环（Barnard's Loop）的弧形星云和它正下方近乎圆形的天使鱼星云，它们似乎在天空中形成了一个问号。这两团星云是猎户座分子云复合体的一部分。

图片来源：美国太空探索技术公司（SpaceX）

2019年1月11日，美国太空探索技术公司猎鹰9号运载火箭在加州范登堡空军基地4E航天发射场发射，搭载了最后一批10颗“铱星新一代”通信卫星，用于新的卫星网络。

图片来源：彼得·霍拉莱克/欧洲南方天文台组织（ESO）（知识共享许可证 CC BY 4.0）

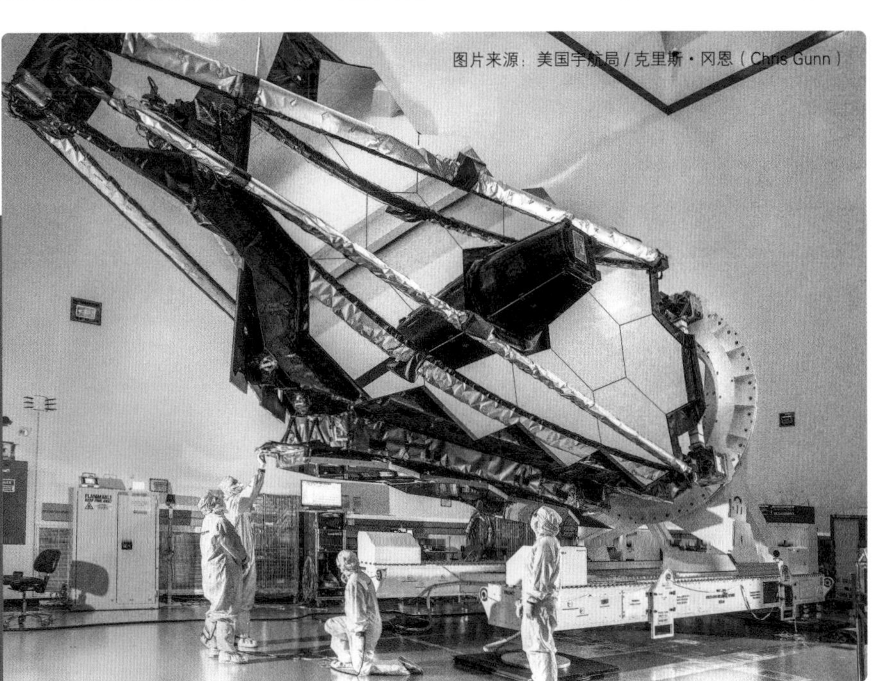

图片来源：美国宇航局/克里斯·冈恩（Chris Gunn）

在加州雷东多海滩的诺斯罗普·格鲁曼公司（Northrop Grumman）工厂，工程师们正在准备美国宇航局詹姆斯·韦布空间望远镜的光学部分，以便与火箭集成。

图片来源：欧洲航天局/美国宇航局哈勃望远镜，P. 多比（P. Dobbie）等（知识共享许可证 CC BY-4.0）

上图：哈勃太空望远镜拍摄的一张新照片，展示了一个被称为M11的彩色疏散星团。这组恒星又被昵称为"野鸭星团"（Wild Duck Cluster），因为其中最亮的成员们组成了字母"V"形，就像一群飞翔的野鸭。梅西耶11位于距地球6000多光年的盾牌座，天文学家认为该星团形成于2.2亿年前。

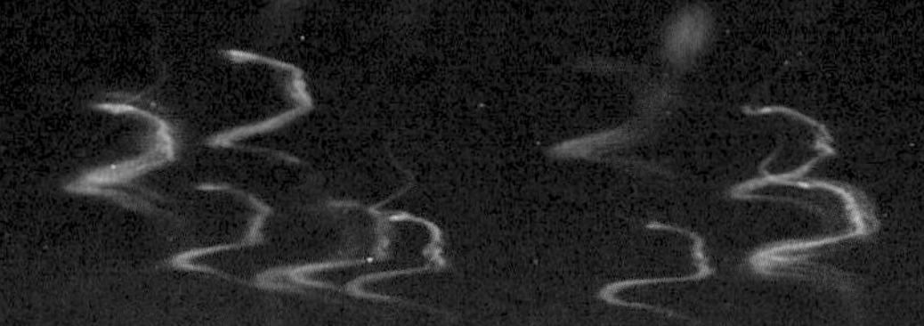

图片来源：美国宇航局/李·温菲尔德（Lee Wingfield）

两枚探空火箭在执行研究地球极光的任务时，在夜空中创造了这幅彩色的光秀。美国宇航局的极光区上升流火箭实验（AZURE）项目，于2019年4月5日在挪威安德亚航天中心发射了两枚黑布兰特XI-A探空火箭。

下图：这是哈勃太空望远镜拍摄的蛋状星云，是一个“行星前星云”，或者说是一颗垂死的恒星喷出的尘埃和气体云，被恒星的最后一点光照亮。昏暗的蛋形星云位于天鹅座中，距离地球约3000光年，于20世纪70年代被天文学家首次发现，这是人们见到的第一个此类星云。20世纪90年代，哈勃望远镜拍摄到了它的图像。

图片来源：美国宇航局/欧洲航天局/哈勃望远镜/太空望远镜科学研究所（STScI）/大学天文研究协会（AURA）/W. 斯帕克斯（W. Sparks）/R. 萨海（R. Sahai）

在美国宇航局朱诺号航天器发回的这张新照片中，木星看起来就像一颗精美的弹珠。这张照片拍摄于木星南半球下方，展示了木星标志性的大红斑和其他几个大小与形状不同的风暴。朱诺号的科学家们将朱诺相机拍摄的三张照片结合起来，创造出了这颗巨大气体行星的全景图。这些图像是 2019 年 2 月 17 日拍摄的，当时朱诺号在木星云顶上方 26900—95400 千米。

图片来源：美国宇航局 / 加州理工学院喷气推进实验室（JPL-Caltech）/ 美国西南研究院（SwRI）/ 静态载人航天模拟器（MSSS）/ 凯文·M. 吉尔（Kevin M. Gill）

图片来源：美国宇航局/加州理工学院喷气推进实验室

你看到蝴蝶了吗？这张耀眼的照片看起来像是鳞翅目的红色成员，实际上是太空中的一团星云，距离太阳大约1400光年。这个星云的官方名称为韦斯特豪特40（简称“W40”），是一个巨大的气体云，可以孕育小恒星。美国宇航局的斯皮策太空望远镜用它的红外阵列相机捕捉到了这一景象，通过三种不同的波长，使图像具有其独特的颜色。恒星呈现出明亮的蓝光，氢离子使之呈现红色。恒星周围的尘埃物质呈黄色和红色。

宇宙及其起源

图片来源：美国宇航局戈达德太空飞行中心（NASA Goddard Space Flight Center）

图片来源：欧洲航天局

25

图片来源：欧洲南方天文台/M. 科恩梅塞尔（M. Kornmesser）

图片来源：欧洲南方天文台/M. 科恩梅塞尔

28

30

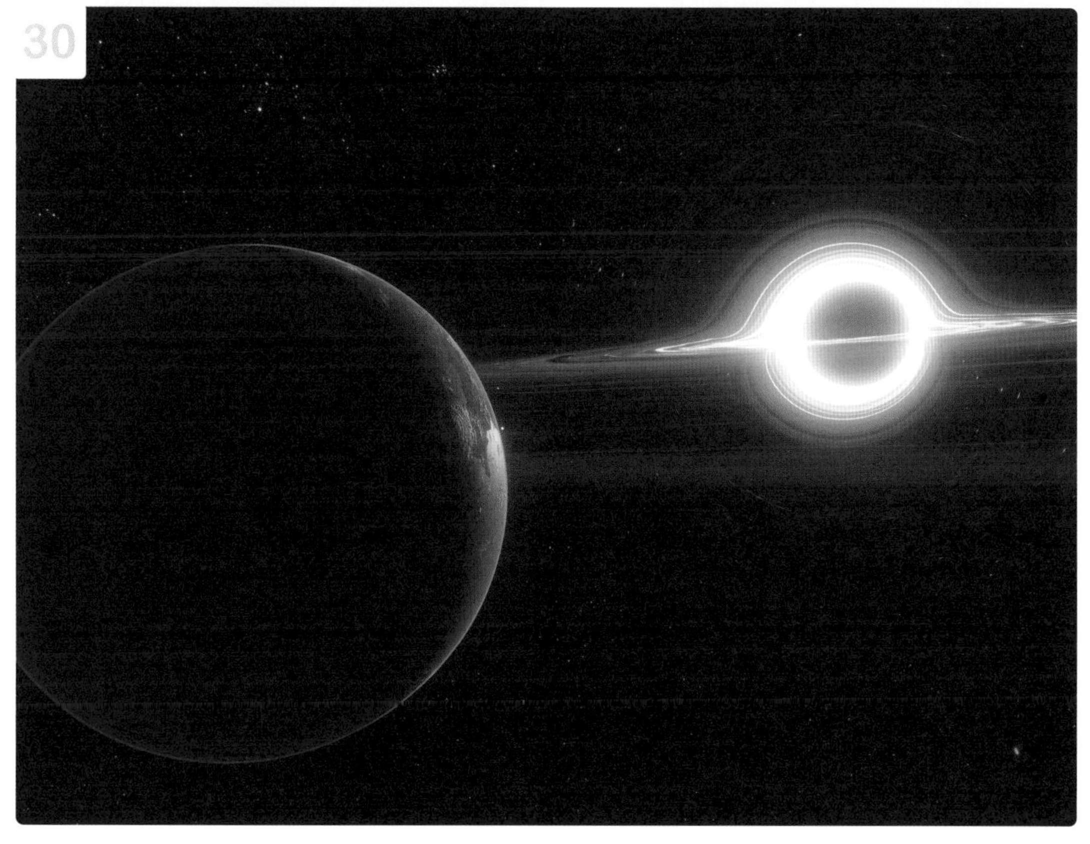

大爆炸理论是什么?

科学家是怎么解释我们的宇宙起源的

■ 撰文：伊丽莎白·豪厄尔（Elizabeth Howell）

大爆炸理论是关于宇宙起源的主流解释。简而言之，它提出，我们所知道的宇宙始于一个小奇点，然后在接下来的138亿年里膨胀成我们今天所知道的宇宙。

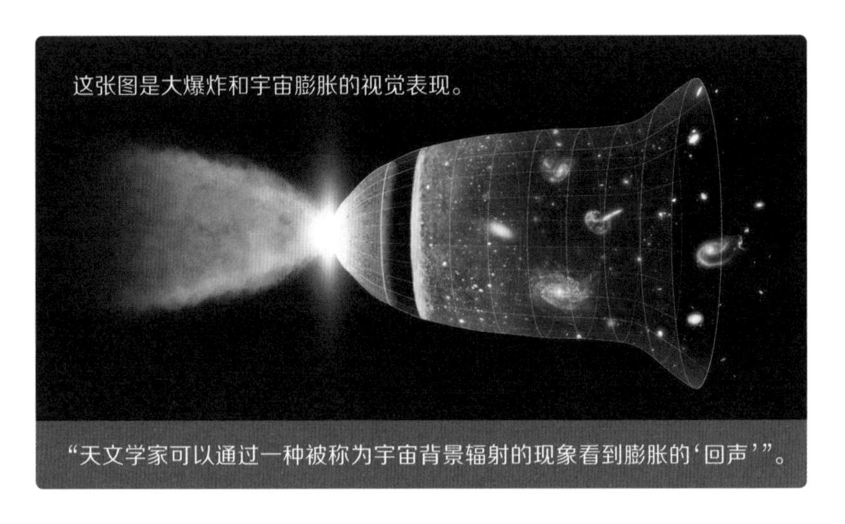

这张图是大爆炸和宇宙膨胀的视觉表现。

“天文学家可以通过一种被称为宇宙背景辐射的现象看到膨胀的‘回声’”。

由于目前的仪器无法让天文学家回溯宇宙的诞生，我们对大爆炸理论的理解大部分来自数学公式和模型。然而，天文学家可以通过一种被称为宇宙背景辐射的现象看到膨胀的“回声”。

虽然天文学界的大多数人都接受这一理论，但除了大爆炸理论，还有一些理论家提出了其他的解释——比如永恒的膨胀或振荡的宇宙。

“大爆炸理论”这个词在天体物理学家中流行了几十年，但在2007年哥伦比亚广播公司播出同名喜剧节目之后，它成了主流。这部剧讲述了几位科学家的家庭和学术生活，其中包括一位天体物理学家。

第一秒，以及光的诞生

据美国宇航局称，宇宙在开始后的第一秒，周围的温度约为100亿华氏度（55亿摄氏度）。宇宙包含了大量的基本粒子，如中子、电子和质子。随着宇宙变冷，这些物质会衰变或结合。

这种早期的混沌物是不可能被看到的，因为光不能在里面传播。“自由电子会导致光（光子）散射，就像阳光从云层中的水滴散射一样。”美国宇航局表示。然而，随着时间的推移，自由电子与原子核相遇，形成了不带电的原子。这使得光在大爆炸大约38万年后才照射出来。这种早期的光——有时被称为大爆炸的“余晖”——更确切地说是宇宙背景辐射（又称“微波背景辐射”）。拉尔夫·阿尔弗（Ralph Alpher）和其他科学家在1948年首次预测了它，但在近20年后才被偶然发现。

据美国宇航局称，1965年，新泽西州默里山贝尔电话实验室（Bell Telephone Laboratories in Murray Hill, New Jersey）的阿诺·彭齐亚斯（Arno Penzias）和罗伯特·威尔逊（Robert Wilson）正在建造一台无线电接收器，他们接收到了高于预期的温度。起初，他们以为这种异常是鸽子和它们的粪便引起的，但即使在清理了粪便并杀死了试图在天线内栖息的鸽子之后，这种异常仍然存在。

与此同时，普林斯顿大学的一个研究团队（由罗伯特·迪克[Robert Dicke]领导）正试图寻找宇宙背景辐射的证据，他们意识到彭齐亚斯和威尔逊偶然发现了它。1965年这两个团队分别在《天体物理学杂志》（*Astrophysical Journal*）上发表了论文。

确定宇宙的年龄

宇宙背景辐射已经在许多任务中被观测到。其中最著名的太空任务之一是美国宇航局的宇宙背景探测者卫星（COBE），该卫星于20世纪90年代发射，用于绘制大片天空。

其他几个项目也跟随宇宙背景探测者的脚

你知道吗？

大爆炸理论
更准确的叫法是
“无处不在的
延伸理论”

大爆炸理论是关于宇宙起源的主流解释。

步，比如银河系外毫米波辐射和地球物理气球观测项目（BOOMERanG 实验）、美国宇航局的威尔金森微波各向异性探测器（WMAP）和欧洲航天局的普朗克卫星（Planck）。

普朗克卫星的观测结果于 2013 年首次发布，它绘制了细节前所未有的背景图，并显示出宇宙的年龄比之前认为的要老：138.2 亿年，而不是 137 亿年。该研究天文台的任务正在进行中，宇宙背景辐射的新地图会定期发布。然而，这些地图也带来了新的谜团，比如为什么南半球看起来比北半球更红（更热）。宇宙大爆炸理论认为，无论你往哪里看，宇宙背景辐射基本上都是一样的。

研究宇宙背景辐射也为天文学家提供了关于宇宙组成的线索。研究人员认为，宇宙的大部分是由传统仪器无法“感知”的物质和能量组成的，这也引出了“暗物质”和“暗能量”的概念。宇宙只有 5% 是由行星、恒星和星系等我们可以看到和感知到的物质组成的。

引力波争议

天文学家了解了宇宙的起源，与此同时他们也一直在寻找宇宙快速膨胀的证据。理论认为，在宇宙诞生后的第一秒，我们的宇宙膨胀的速度比光速还快。顺便说一下，这并没有违反阿尔伯特·爱因斯坦（Albert Einstein）的光速限制，他说宇宙中最快的速度是光速，但这并不适用于宇宙本身的膨胀。

2014 年，天文学家表示，他们在宇宙背景辐射中发现了有关“B 模式”的证据，这是宇宙变大时产生的一种极化，会产生引力波。研究团队利用一架设在南极、名为“宇宙河外偏振背景成像”（BICEP2）的望远镜发现了这一证据。

“我们非常有信心，我们看到的信号是真实的，它就在天空中。”哈佛 – 史密森尼天体物理中心（Harvard–Smithsonian Center for Astrophysics）的首席研究员约翰·科瓦奇（John Kovac）在 2014 年 3 月告诉太空网。

但到了 2019 年 6 月，同一个研究团队表示，他们的发现可能是因为星系尘埃挡住了视野而发生了变化。“基本的结论没有改变，我们对我们的结果充满信心。”据《纽约时报》（*New York Times*）报道，科瓦奇在新闻发布会上这样说。“来自普朗克卫星的新信息表明，在普朗克卫星发射之前对尘埃的预测程度似乎太低了。”他补充道。

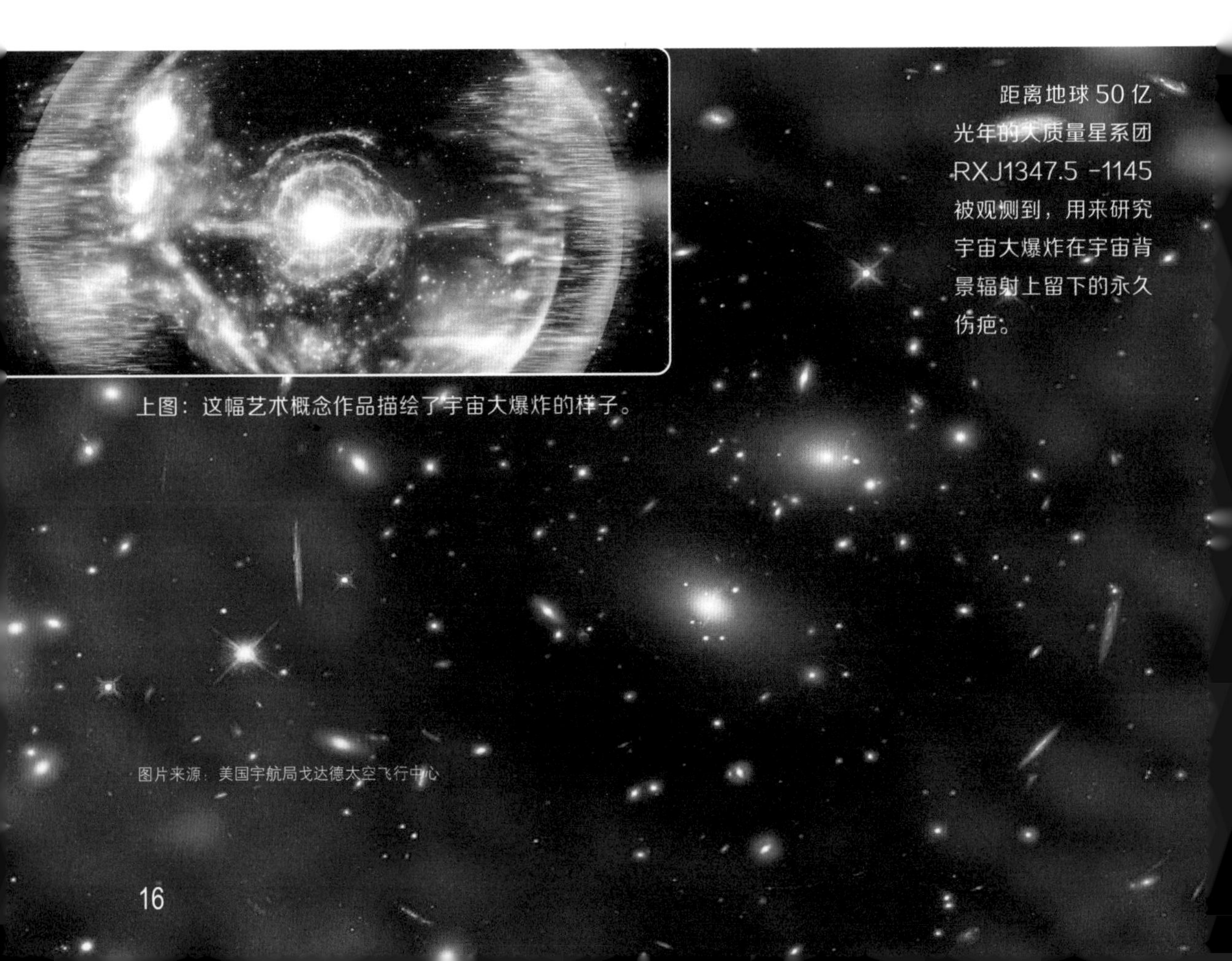

距离地球 50 亿光年的大质量星系团 RXJ1347.5 -1145 被观测到，用来研究宇宙大爆炸在宇宙背景辐射上留下的永久伤疤。

上图：这幅艺术概念作品描绘了宇宙大爆炸的样子。

图片来源：美国宇航局戈达德太空飞行中心

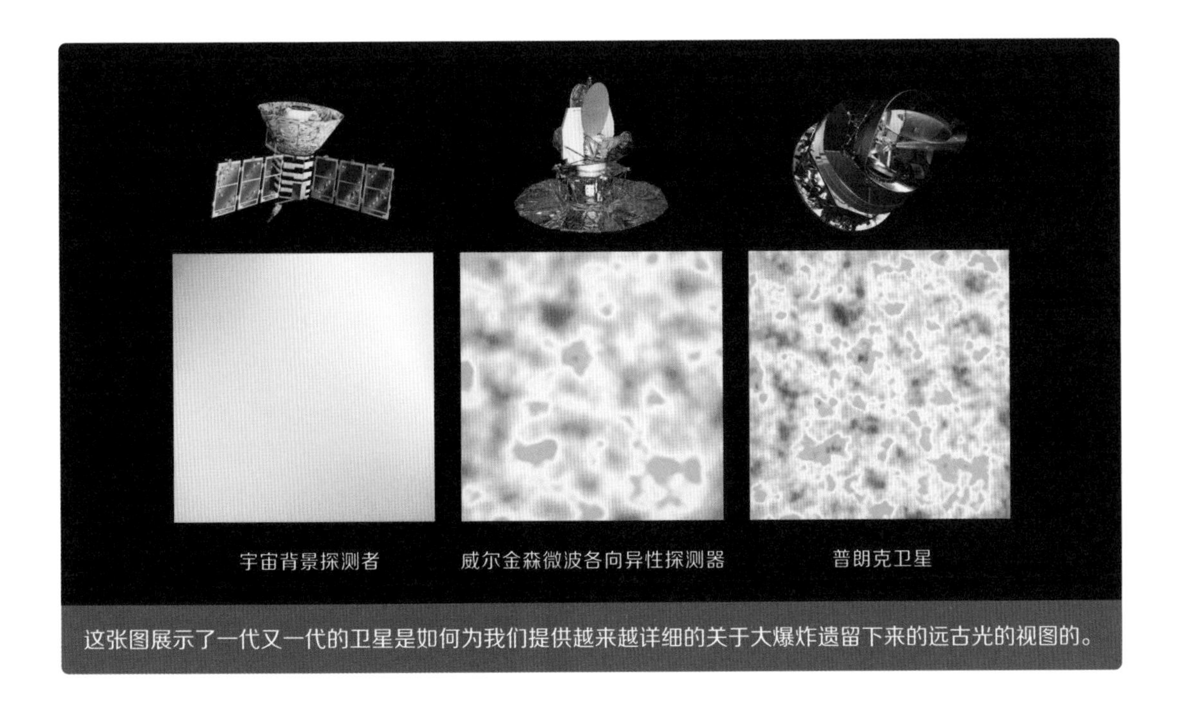

这张图展示了一代又一代的卫星是如何为我们提供越来越详细的关于大爆炸遗留下来的远古光的视图的。

来自普朗克卫星的结果于9月以预发表的形式被发布在网上。到2015年1月，两个团队的研究人员共同"证实了，'宇宙河外偏振背景成像'发回的信号显示，就算不是全部，大部分也是星际尘埃"，《纽约时报》在另一篇文章中报道说。

另外，在讨论比太阳大几十倍的黑洞的运动和碰撞时，引力波得到了证实。

自2016年以来，激光干涉引力波天文台（LIGO）多次探测到这些波。随着该天文台升级，变得更加敏感，预计人们将会频繁发现与黑洞相关的引力波。

越来越快的膨胀，多元宇宙，绘制起源

宇宙不仅在膨胀，而且膨胀得越来越快。这意味着，随着时间的推移，将无法从地球或银河系内的任何其他有利位置发现其他星系。

"我们将看到本就遥远的星系还在远离我们，而且它们的速度正随着时间的推移而加快，"哈佛大学天文学家阿维·勒布（Avi Loeb）在2014年3月发表于太空网的一篇文章中说，"所以，如果你等待的时间足够长，最终，某个遥远的星系将达到光速。这意味着即使是光也无法弥合星系和我们之间正在打开的鸿沟。一旦那个星系相对于我们的速度超过光速，那个星系的外星人将无法与我们交流，他们发送的任何信号都无法到达我们这里。"

一些物理学家还认为，我们所在的宇宙只是众多宇宙中的一个。在"多元宇宙"模型中，不同的宇宙就像并排躺着的气泡一样共存。该理论认为，在第一次大膨胀中，时空的不同部分会以不同的速度增长。

这可能会分割出具有不同物理定律的不同宇宙。"很难建立出不导致多元宇宙的膨胀模型，"麻省理工学院的理论物理学家艾伦·古斯（Alan Guth）在2014年3月关于发现引力波（古斯没有参与那项研究）的新闻发布会上说，"并非不可能，所以我认为肯定还需要继续研究。但大多数膨胀模型确实导致了多元宇宙，膨胀的证据将推动我们严肃对待多元宇宙。"

虽然我们可以理解我们所看到的宇宙是如何形成的，但有可能大爆炸并不是宇宙经历的第一个膨胀时期。一些科学家认为，我们生活在一个会经历规律膨胀和紧缩周期的宇宙中，我们只是碰巧生活在其中一个阶段。

"宇宙不仅在膨胀，而且膨胀得越来越快。这意味着，随着时间的推移，将无法从地球或银河系内的任何其他有利位置发现其他星系"

大爆炸理论

膨胀
夸克形成

第一批粒子
中子、质子、暗物质形成

第一批原子核
氢、氦形成

第一束光
第一批原子形成

黑暗时代
物质团块形成

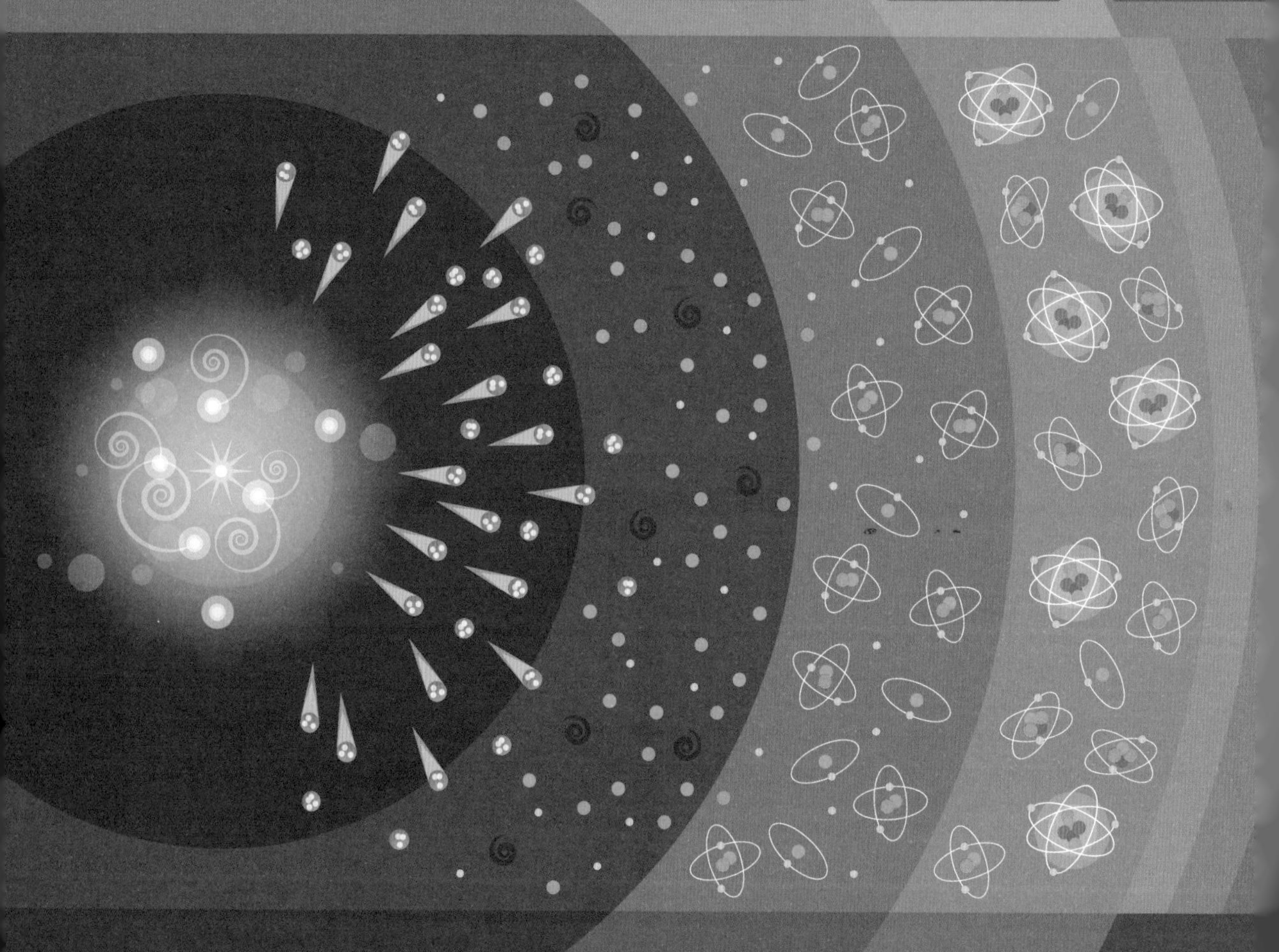

时间线

0.01 毫秒 | 0.01—200 秒 | 38 万年 | 38 万年

引力

恒星和星系形成

反引力

宇宙膨胀加速

今天

宇宙继续膨胀

星系分离

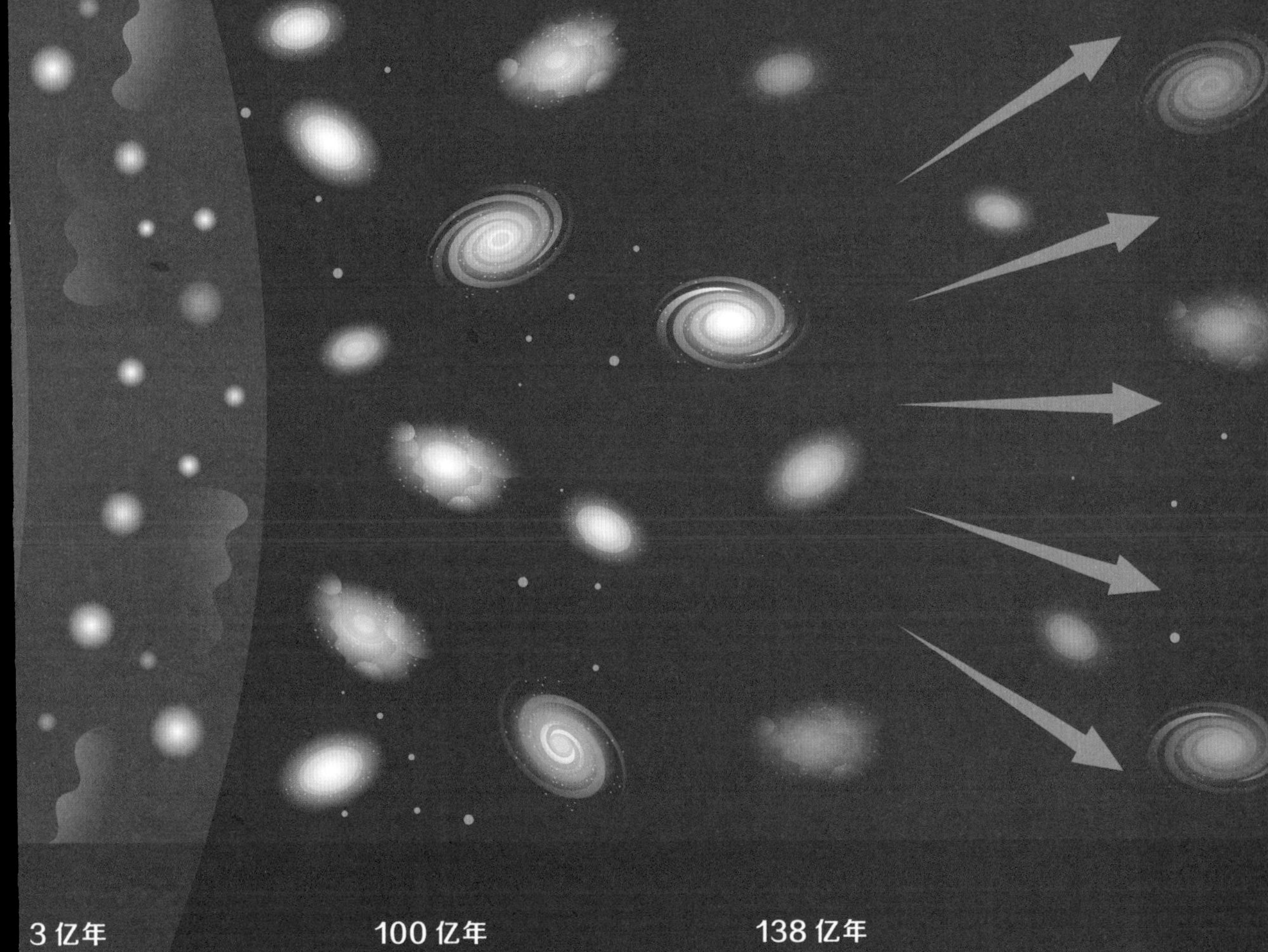

大爆炸理论的替代理论

大多数天文学家认为，宇宙起源于138亿年前一次突然的爆炸，称为大爆炸。其他理论家已经提出了这一理论的替代和扩展理论

■ 撰文：卡尔·泰特（Karl Tate）

近140亿年前，只有一片虚无。然后，突然之间，由于一个完全空无一物的空间里的随机波动，一个宇宙爆炸产生了。在负压真空能量的驱使下，某个亚原子粒子大小的东西在几分之一秒内膨胀到了难以想象的巨大尺寸。

科学家称这个宇宙起源理论为“大爆炸”。我们所说的“可观测宇宙”（或“哈勃体积”）是一个球形区域，以任何给定的观测者为中心，直径都约为900亿光年。宇宙诞生138亿年以来，只有在这个区域内，光才有时间到达观测者所在之处。

由于宇宙正在加速膨胀，宇宙中的天体正被拖出地球的“哈勃体积”，未来人类将无法探测到那些天体。哈勃体积的半径超过138亿光年，因为太空的膨胀使得天体之间的距离在不断增加，而且速度比光速还要快。

天文学家根据理论和观测对宇宙做出了三个假设：

——物理定律是普遍的，不随时间或空间的位置而改变。

——宇宙是均匀的，或者在每个方向上大致相同（尽管不一定在所有时间都相同）。

——人类不能从一个特殊的位置观察宇宙，比如宇宙的中心。

当这些假设应用到爱因斯坦的方程时，它们表明宇宙具有以下性质：

——宇宙在膨胀（天文学家看到来自遥远区域的光的波长会随着空间结构本身的膨胀而拉长，从而导致红移——光的波长向光谱的红端移动）。

——宇宙在过去的某个有限时间从一个炙热、稠密的状态中出现。

——最轻的元素，氢和氦，是在宇宙诞生之初产生的。

——微波背景辐射充满了整个宇宙，这是早期热宇宙冷却到足以形成原子时发生相变的遗迹。

如果天文学家的上述任何一个基本假设是错误的，那么大爆炸理论就无法解释这个宇宙的性质。

有没有可能从未发生过大爆炸？

一种替代理论是稳态宇宙理论。作为大爆炸理论的早期竞争对手，稳态理论通过假设整个宇宙在持续创造物质来解释它的明显膨胀。这种类型的宇宙将是无限的，没有开始也没有结束。然而，自20世纪60年代中期以来发现的大量证据表明，这一理论并不正确。

另一种替代理论是永恒暴胀理论。在大爆炸之后，宇宙在一段短暂的时间内迅速膨胀，称为暴胀。永恒暴胀理论假设膨胀从未停止，并且已经持续了无限长的时间。在某个地方，甚至是现在，新的宇宙正在一个叫作多元宇宙的巨大综合体中不断出现。这些宇宙可能有不同的物理定律。

宇宙振荡模型假设会发生一系列无止境的大爆炸，然后是无止境的大收缩，不断循环往复。

现代循环模型涉及“膜”（branes，是一种被称为“体”的高维空间中的“膜”）的碰撞。

量子引力和弦理论推导出的结果诱人地表明，宇宙实际上与人类观察者所看到的完全不同。例如，它实际上可能是投影到球体表面上的一个平面全息图，也可能是在一台超级计算机上运行的完全数字化的模拟。

根据模拟假说，整个宇宙可能只是一个人工模拟。

你知道吗？

大爆炸理论的问题之一是它似乎违背了热力学第一定律

宇宙背景辐射

关于宇宙的年龄，大爆炸的残留物能告诉我们什么？

■ 撰文：伊丽莎白·豪厄尔

宇宙背景辐射被认为是宇宙大爆炸或宇宙开始时遗留下来的辐射。根据该理论，当宇宙诞生时，它经历了快速的暴胀和膨胀。今天的宇宙仍在膨胀，膨胀的速度根据观察者观察的角度变化而有所不同。宇宙背景辐射代表了宇宙大爆炸留下的热量。

人类无法用肉眼看到宇宙背景辐射，但它在宇宙中无处不在。人类看不到它是因为它太冷了，只比绝对零度（零下 273.15 摄氏度）高 2.725 开尔文。这意味着它的辐射最明显的部分位于电磁波谱的微波段。

起源和发现

宇宙起源于 138 亿年前，而宇宙背景辐射可追溯至大爆炸后大约 40 万年。这是因为在宇宙的早期阶段，当它的大小只有今天的一亿分之一时，它处于极端高温状态——比绝对零度高 2.73 亿开尔文。

当时存在的任何原子都会迅速分解成小粒子（质子和电子）。来自宇宙背景辐射的光子（代表光量子或其他辐射的粒子）从电子中散射出来。“因此，光子在早期宇宙中漫游，就像光在浓雾中漫游一样。”美国宇航局解释说。

大爆炸后大约 38 万年，宇宙冷却到可以形成氢了。因为宇宙背景辐射中的光子几乎不受氢的撞击的影响，所以光子沿直线传播。宇宙学家称宇宙背景辐射中的光子最后一次撞击物质时为“最后散射面”；在那之后，宇宙就变得太大了。所以当我们绘制宇宙背景辐射图时，我们是在回顾大爆炸后的 38 万年，这之后对于光子而言，宇宙是透明的。

据美国宇航局称，美国宇宙学家拉尔夫·阿尔弗在 1948 年首次预测了宇宙背景辐射，当时他正与罗伯特·赫尔曼（Robert Herman）和乔治·伽莫夫（George Gamow）一起工作。该团队当时正在进行与大爆炸核合成（或宇宙中除了最轻的氢同位素之外的元素的产生）有关的研究。这种氢同位素是在宇宙历史的早期产生的。

艺术家对早期宇宙中恒星形成的想象。

图片来源：阿道夫·沙勒（Adolf Schaller）为太空望远镜科学研究所绘

但宇宙背景辐射最初是偶然发现的。1965 年，贝尔电话实验室的两名研究人员（阿诺·彭齐亚斯和罗伯特·威尔逊）正在制造一个无线电接收机，他们对它接收到的噪音感到困惑。他们很快意识到这声音从天上传来，持续而稳定。与此同时，普林斯顿大学的一个团队（由罗伯特·迪克领导）正试图寻找宇宙背景辐射。迪克的团队听到了贝尔实验室的风声，意识他们已经发现了宇宙背景辐射。1965 年，两个团队都迅速在《天体物理学期刊》上发表了论文，彭齐亚斯和威尔逊谈论了他们的发现，迪克的团队则解释了这个发现在宇宙背景下的意义（后来，彭齐亚斯和威尔逊都获得了 1978 年的诺贝尔物理学奖）。

更详细的研究

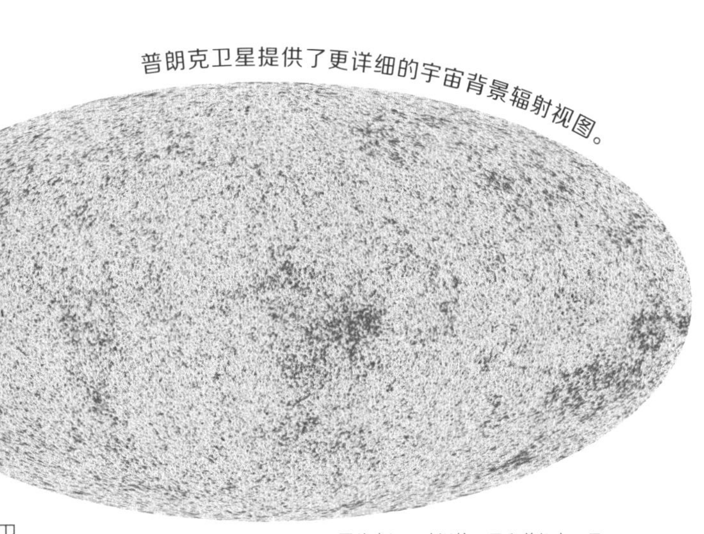
普朗克卫星提供了更详细的宇宙背景辐射视图。

图片来源：欧洲航天局和普朗克卫星

宇宙背景辐射对科学家很有用，因为它能帮助我们了解早期宇宙是如何形成的。它的温度是均匀的，只有精确的望远镜可以观测到微小的波动。“通过研究这些波动，宇宙学家可以了解星系的起源和星系的大尺度结构，他们可以测量大爆炸理论的基本参数。”美国宇航局写道。

在发现后的几十年里，人们陆续绘制了宇宙背景辐射的部分地图，但第一张基于太空的全天空地图来自美国宇航局的宇宙背景探索者卫星，该卫星于 1989 年发射，1993 年停止了科学操作。这张宇宙的“婴儿照”，正如美国宇航局所说，证实了大爆炸理论的预测，也显示了以前没有见过的宇宙结构的线索。2006 年，诺贝尔物理学奖被授予了宇宙背景探测者项目的科学家——美国宇航局戈达德太空飞行中心的约翰·马瑟（John Mather）和加州大学伯克利分校的乔治·斯穆特（George Smoot）。

2003 年，威尔金森微波各向异性探测器提供了一张更详细的地图，该探测器于 2001 年 6 月发射，2010 年停止收集科学数据。第一张照片将宇宙的年龄定在 137 亿年（这个测量结果后来被精确到 138 亿年），同时也揭示了一个惊喜：最古老的恒星在大爆炸大约 2 亿年后开始发光，远远早于所预测的。

科学家们继续跟进这些结果，研究了宇宙的早期膨胀阶段（宇宙形成后的万亿分之一秒），并对原子密度、块状宇宙以及宇宙形成后不久的其他特性给出了更精确的参数。他们还发现了天空两个半球的平均温度存在奇怪的不对称，以及一个比预期更高的“冷点”。威尔金森微波各向异性探测器团队因其工作获得了 2018 年基础物理学突破奖。

“这张宇宙的‘婴儿照’证实了大爆炸理论的预测。”

2013 年，欧洲航天局的普朗克太空望远镜（即普朗克卫星）发布了数据，显示了迄今为止最高精度的宇宙背景辐射图像。科学家们利用这些信息揭开了另一个谜团：宇宙背景辐射在大角度尺度上的波动与预测不符。威尔金森微波各向异性探测器在不对称性和冷点方面的发现也得到了普朗克卫星的证实。普朗克卫星（在 2009 年至 2013 年期间运行）在 2018 年发布的最终数据显示了更多的证据，证明暗物质和暗能量——可能是宇宙加速背后的神秘力量——似乎确实存在。

罗伯特·威尔逊（左）和阿诺·彭齐亚斯（右）站在他们发现宇宙背景辐射的天线前。

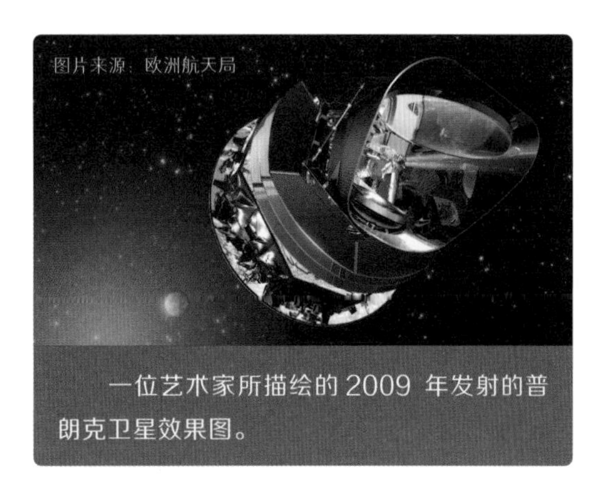
图片来源：欧洲航天局

一位艺术家所描绘的 2009 年发射的普朗克卫星效果图。

第一批恒星

宇宙的黎明如何到来？第一批恒星是怎么形成的？

■ 撰文：保罗 · 萨特（Paul Sutter）

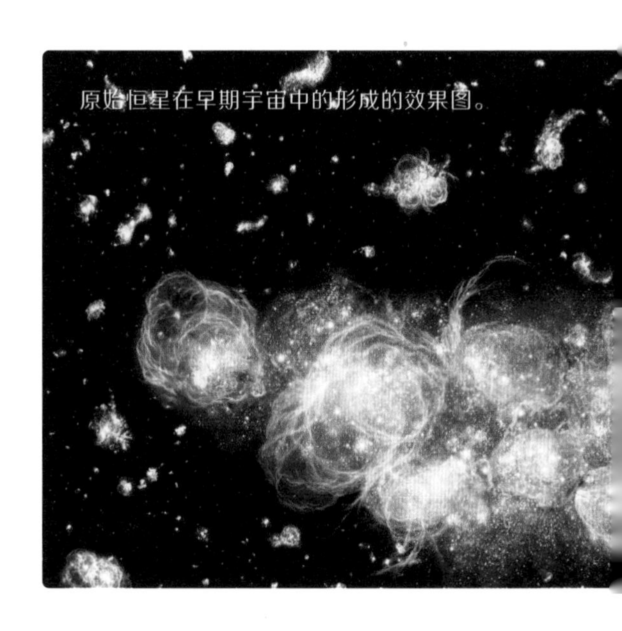
原始恒星在早期宇宙中的形成的效果图。

也许在过去一百年研究宇宙的过程中，人们获得的最伟大的启示是，我们的家园会随着时间的推移而变化和发展。不只是发生微小的变动，还会发生重大的变化，比如恒星的移动，气体云的坍缩，大质量恒星在灾难性的爆炸中死亡。不，在遥远的过去，我们整个宇宙不止一次地改变了它的基本特征，在全球范围内——也就是宇宙范围内——完全改变了它的内部状态。举个例子，在雾蒙蒙的、不可追忆的过去，曾经有一段时间是没有星星的。

在第一束光之前

我们之所以知道这个简单的事实，是因为宇宙背景辐射的存在，这是一种浸透了整个宇宙的微弱但持久的辐射。如果你遇到一个随机的光子（一点光），它很有可能来自宇宙背景辐射——宇宙中 99.99% 以上的辐射都是由这种光产生的。它是宇宙诞生 27 万年时遗留下来的痕迹，从炙热、翻滚的等离子体过渡到中性混沌（没有正电荷或负电荷）状态。这种转变释放出白热辐射，在 138 亿年的过程中，冷却并拉伸成微波，形成了我们今天可以探测到的背景光。

在释放宇宙背景辐射的时候，宇宙的体积大约是现在的百万分之一，温度高出数千度。它几乎完全均匀，密度差异不超过十万分之一。所以，这并不是一个恒星可以快乐存在的状态。

黑暗时代

在宇宙背景辐射释放（由于对更早时代的历史性误解，天文学界此前称之为“重组”）后的数百万年里，宇宙处于一种奇怪的状态。

白热辐射仍然持续存在，但随着宇宙继续其不可阻挡的膨胀，辐射迅速冷却。当然还有暗物质，它们也在活动着。

还有现在的中性气体，当时几乎全部是氢和氦，它们最终从与辐射的斗争中释放出来，可以随心所欲地运动。

这些中性气体最想做的事情就是尽可能自己待着。幸运的是，它们不需要特别努力：在极早期的宇宙中，微观量子波动扩大到在密度上仅有微小差异（为什么会发生这种情况是改天的故事了）。

这些微小的密度差异并不影响宇宙进一步膨胀，但它们确实影响了中性氢的寿命。任何一个密度比平均水平略大的区域——即使是很小很小的一点——对其邻居的引力也会略强一些。这种增强的引力促进更多的气体加入，这又加强了引力拖拽，从而促进了更多邻居的靠近，以此类推。

就像派对上大声播放的音乐会吸引更多人来狂欢一样，在数百万年的过程中，富有气体变得更丰富，而稀有气体变得更少。在简单的引力作用下，原本微小的密度差异逐渐增大，第一批巨大的物质团块就此形成，它们周围的环境也被清空了。

“宇宙黎明”破晓了

在某个地方，一些中性氢很幸运。它们一层一层地堆积起来，最里面的核心达到了临界温度和密度，迫使原子核以一种复杂的模式聚集在一起，在核聚变中点燃，将原材料转化为氦。这个剧烈的过程也释放了一点能量，第一颗恒星在一

“自宇宙大爆炸后的十几分钟以来，核反应第一次在我们的宇宙中发生了。新的光源散布在宇宙中，使曾经空荡荡的空间充满了辐射”

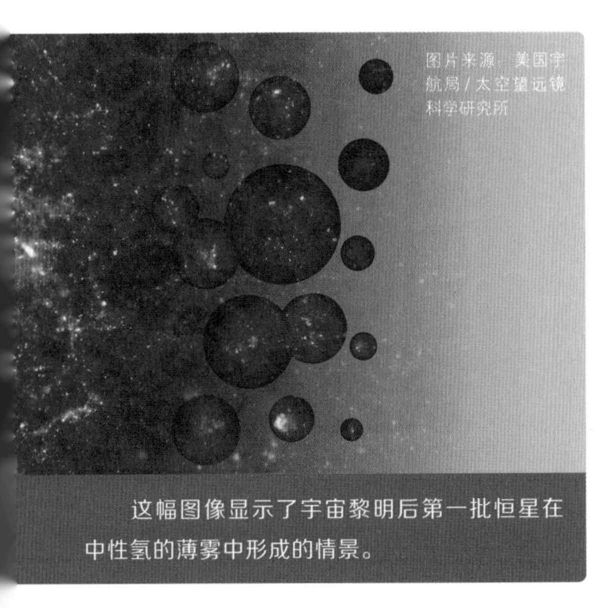

图片来源：美国宇航局/太空望远镜科学研究所

这幅图像显示了宇宙黎明后第一批恒星在中性氢的薄雾中形成的情景。

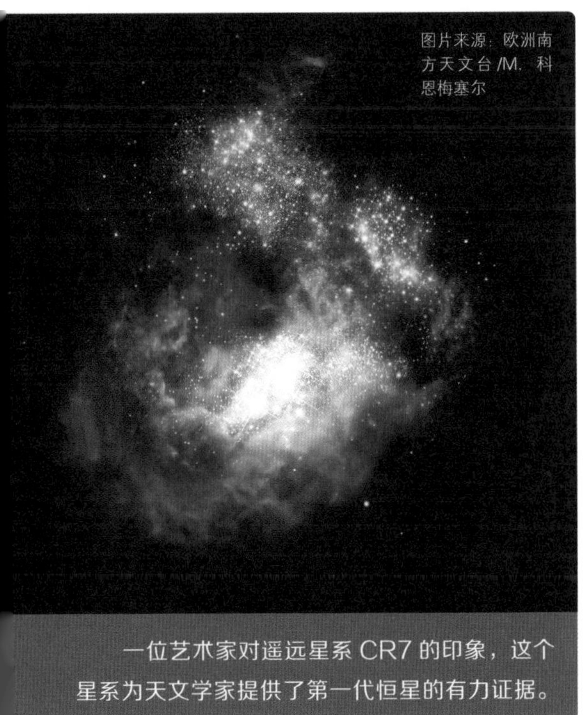

图片来源：欧洲南方天文台/M. 科恩梅塞尔

一位艺术家对遥远星系 CR7 的印象，这个星系为天文学家提供了第一代恒星的有力证据。

瞬间诞生了。

自宇宙大爆炸后的十几分钟以来，核反应第一次在我们的宇宙中发生了。新的光源散布在宇宙中，使曾经空荡荡的空间充满了辐射。但我们不确定这一重大事件发生的确切时间；这对于这个时代的观测者极为困难。首先，浩瀚的宇宙距离使我们最强大的望远镜也无法观测到第一束光。更糟糕的是，早期的宇宙几乎完全是中性的，而中性气体一开始就不会发出很多光。直到几代恒星黏合在一起形成星系，我们才能得到这个重要时代的一点模糊线索。

我们怀疑第一批恒星是在宇宙形成的前几亿年时间里，在某个地方形成的。不久之后，我们就直接观测到了星系、活跃的星系核，甚至是星系团（这是宇宙中最终出现的质量最大的结构）的起源。在它们之前的某个时候，第一批恒星必然出现，但不会出现得太早，因为初期宇宙的混乱状况会阻止它们的形成。

视野之外

詹姆斯·韦布太空望远镜[1]将能够非常精确地定位早期星系，提供大量关于早期宇宙的数据，但望远镜狭窄的视野并不能为我们提供这个时代的全貌。科学家们希望一些最早的星系可能包含第一批恒星的残余物——甚至是这批恒星本身，但直到目前为止，还没得到有关于此的好消息。

另一种解开宇宙黎明奥秘的方法是依靠中性氢的一个惊人特性。当电子和质子的量子自旋发生随机翻转时，氢会发出一种特定波长的辐射：21 厘米辐射。这种辐射使我们能够在现在的银河系中绘制出中性氢区域，但现代与宇宙黎明时代的极端距离则带来了完全不同的挑战。问题在于，自那个早已消亡的时代以来，宇宙一直在膨胀，这导致所有星系间的辐射都延伸到了更长的波长。如今，原始中性氢信号的波长约为 2 米，将信号牢牢地置于无线电波段。宇宙中的许多其他事物——超新星、星系磁场、卫星——在相同的频率下都非常强烈，掩盖了宇宙早期发出的微弱信号。

全球有几项任务试图锁定这一诱人的宇宙黎明信号，从如今的杂音中挖掘出它最初发出的信号，并揭示第一批恒星的诞生。但目前为止，我们还是只能等待接收这些信号。

① 已于2021年12月25日发射升空，为哈勃太空望远镜的继任者。——译者注

平行宇宙：理论和证据

我们的宇宙可能存在于一个气泡中，它坐落在由其他宇宙气泡组成的空间网络中

■ 撰文：伊丽莎白·豪厄尔

我们的宇宙是独一无二的吗？从科幻小说到科学事实，都提出了一个概念，在我们的宇宙之外可能还存在其他宇宙，你在这个世界做出的所有选择，都在其他现实世界中产生影响。这个概念被称为“平行宇宙”，是多元宇宙天文学理论的一个部分。

这个想法在漫画书、电子游戏、电视和电影中普遍存在。从《吸血鬼猎人巴菲》（*Buffy the Vampire Slayer*）到《星际迷航》（*Star Trek*），从《神秘博士》（*Doctor Who*）到《数码宝贝》（*Digimon*），这些影视剧作品都使用了这个想法来扩展情节（流行文化的更多例子，请参阅第 33 页）。事实上，有相当多的证据表明存在多元宇宙。首先要了解我们认为宇宙是如何形成的。

关于多元宇宙的论点？

简单地说，大约 138 亿年前，我们所知的宇宙中的一切都只是一个无穷小的奇点。然后，根据大爆炸理论，一些未知的触发因素导致这个奇点在三维空间中膨胀和暴胀。随着最初膨胀的巨大能量逐渐减弱，光开始照射进来。最终，这些小粒子开始形成我们今天所知道的更大的物质，比如星系、恒星和行星。这个理论的一个大问题是：我们是所在的唯一的宇宙吗？以我们目前的技术，我们只能观察到这个宇宙的内部，因为宇宙是弯曲的，我们就像在鱼缸里，无法看到它的外面（如果有外面的话）。关于为什么可能存在多元宇宙至少有五种主要理论：

1. 无限宇宙

我们不知道时空的确切形状。一个著名的理论是，它是平的，并且无限延伸。这将呈现出存在多个宇宙的可能性。但要这么说的话，宇宙可能会不断重复自己，因为粒子只能以这么多种方式组合在一起。稍后会详细介绍。

2. 气泡宇宙

另一个关于多元宇宙的理论来源于“永恒暴胀”理论，根据塔夫茨大学宇宙学家亚历山大·维伦金（Alexander Vilenkin）的研究，当把时空看作一个整体，一些空间不会再膨胀，就像大爆炸导致宇宙膨胀那样。然而，其他空间区域的规模将继续扩大。所以，如果把我们自己的宇宙想象成一个气泡，它就坐落在由其他宇宙气泡组成的空间网络中。这个理论的有趣之处在于，其他宇宙的物理定律可能与我们宇宙的截然不同，因为它们之间没有联系。

3. 子宇宙

多元宇宙也可能遵循量子力学理论（论述亚原子粒子的行为），而这是“子宇宙”理论的一部分。概率定律表明，对于你的一个决定可能产生的每一个结果，都会有一系列的宇宙——每一个结果都有一个宇宙。所以在一个宇宙里，你接受了在中国的工作，在另一个宇宙中，也许你在路上，你的飞机降落在不同的地方，你决定留下来，等等。

4. 数学宇宙

另一个可能的途径是探索数学宇宙，简单地说，它解释了数学结构可能会根据你所在的宇宙而改变。“数学结构是你可以用一种完全独立于人类来描述的东西，”该理论的提出者——麻省理工学院的马克斯·泰格马克（Max Tegmark）在 2012 年的文章中说，“我真的相信存在这样一个宇宙，它可以独立于我而存在，即使没有人类也会继续存在。”

5. 平行宇宙

平行宇宙放在最后说，但是这个也很重要。回到“时空是平坦的”的观点，准确地说，多元宇宙中可能的粒子构型的数量将被限制在 10^10^122 以内。因此，对于无限数量的宇宙区域，

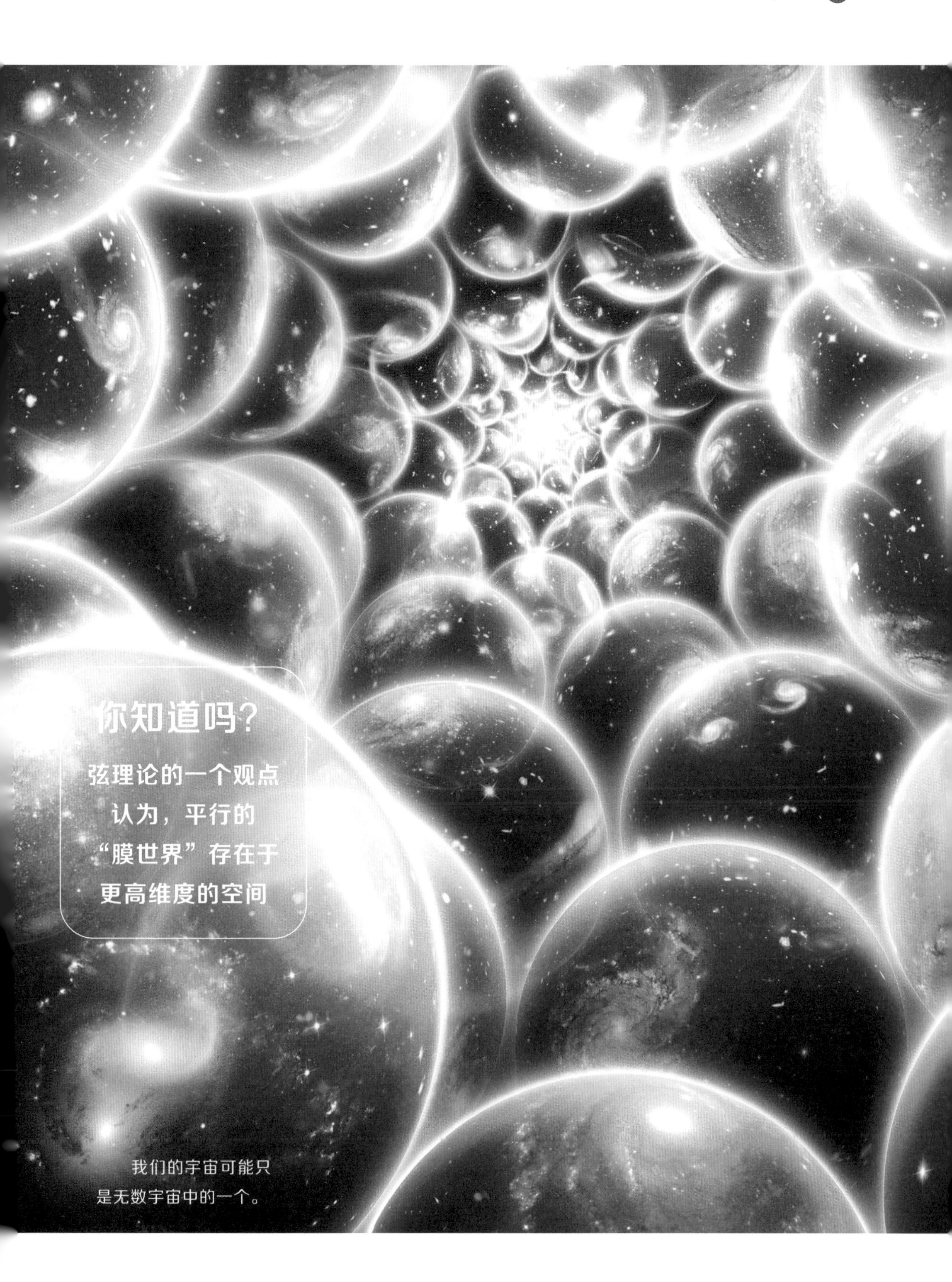
你知道吗？
弦理论的一个观点认为，平行的“膜世界”存在于更高维度的空间

我们的宇宙可能只是无数宇宙中的一个。

英国杜伦大学的研究人员推测，宇宙背景辐射上的异常“冷点”可能是平行宇宙撞击我们所在宇宙的结果。

它们内部的粒子排列必须重复——无限多次。这意味着存在无限多个“平行宇宙”：与我们的宇宙完全相同的宇宙区域（包含一个完全像你的人），以及仅有一个粒子位置不同的区域、两个粒子位置不同的区域，等等，直到与我们的完全不同的区域。

著名理论物理学家和宇宙学家斯蒂芬·霍金（Stephen Hawking）的最后一篇论文也提及了多元宇宙的概念。这篇论文发表于 2018 年 5 月，就在霍金去世几个月后。谈到这一理论，他曾在剑桥大学对他进行的一次采访（发表于《华盛顿邮报》中解释说："我们不能确定只有一个单一的、独特的宇宙，但我们的发现意味着，多元宇宙的可能范围大大缩小了。"

反对平行宇宙的论点

不过，并非所有人都赞同平行宇宙理论。天体物理学家伊森·西格尔（Ethan Siegal）于 2015 年在发布平台 Medium 上发表的一篇文章中也认为，理论上时空可以永远持续下去，但他表示，这一观点存在一些局限性。

关键问题是，宇宙的年龄还不到 140 亿年。所以我们宇宙的年龄本身显然不是无限的，而是有限的。（简单地说）这将限制粒子重新排列自己的可能性，很遗憾，另一个你最终不太可能登上那架飞往中国的飞机。

此外，宇宙开始时的膨胀呈指数级增长，因为“空间本身固有的能量”太多了，他说。但随着时间的推移，膨胀明显放缓——大爆炸产生的物质粒子不再继续膨胀，他指出。

他下了结论：这意味着多元宇宙将有不同的膨胀率和不同的膨胀时间（更长或更短）。这就降低了存在与我们的宇宙相似的宇宙的可能性。“即使不考虑基本常数、粒子及其相互作用可能有无限多个可能值的问题，甚至不考虑解释问题，比如多元世界解释是否真的描述了我们的物理现实，”西格尔说，“事实是，可能结果的数量增长得如此之快——比指数增长快得多，除非暴胀已经发生了无限长的时间，否则就不存在与这个宇宙相同的平行宇宙。”

但西格尔并没有将不存在其他宇宙视为一种限制，相反，他认为我们应该为自己的独特而庆祝。他建议做出对自己有用的选择，这样“不会让你后悔”，因为没有其他宇宙和平行世界可以让你做第二次选择了。

科幻世界中的平行宇宙

以下是流行文化中对平行宇宙概念的运用

- 漫威漫画和 DC 漫画以平行宇宙为背景，这些平行宇宙是多元宇宙的一部分。
- 许多动漫系列，如《数码宝贝》、《七龙珠》（*Dragon Ball*）和《刺猬索尼克》（*Sonic the Hedgehog*），其中一些角色都有来自其他宇宙的替代版本。
- 平行宇宙出现在许多电子游戏中，包括《龙与地下城》（*Dungeons & Dragons*）、《生化奇兵：无限》（*BioShock Infinite*）、《最终幻想》（*Final Fantasy*）系列、《半条命》（*Half-Life*）、《英雄联盟》（*League of Legends*）、《真人快打》（*Mortal Kombat*）和《塞尔达传说》（*The Legend of Zelda*）。
- 埃德温·A. 艾勃特（Edwin A. Abbott）创作的《平面国：多维空间传奇往事》（*Flatland: A Romance of Many Dimensions*, 1884）讲述了一个二维世界的故事，其中有活生生的圆形、三角形和正方形等几何图形。小说中还包括直线世界、空间世界和点世界等其他宇宙。这本书在 2007 年被改编成电影。
- 赫伯特·乔治·威尔斯（H.G. Wells）的小说《人如神》（*Men Like Gods*, 1923）中有一台“业余时间”机器，探索了多元宇宙的概念。
- 《纳尼亚传奇》（*The Chronicles of Narnia*, 1950—1956）是克莱夫·斯特普尔斯·刘易斯（C.S. Lewis）编写的一套系列丛书，讲述了几个孩子在我们的世界和纳尼亚世界之间穿梭的故事，那里有会说话的动物。其中一些书在 21 世纪初被拍成了电影。
- 《星际迷航》有一集中“镜像宇宙”占据了重要地位，其中的角色更加无情和好战。这个概念几乎在《星际迷航》系列随后的每一部中都有重复。2009 年，《星际迷航》宇宙在一部电影中重启，将 20 世纪 60 年代原版系列中的角色置于另一个宇宙中。这部电影由克里斯·派恩（Chris Pine）和扎克瑞·昆图（Zachary Quinto）主演，并衍生出了一系列其他的《星际迷航》电影。
- 在斯蒂芬·金（Stephen King）1982 年开始创作的《黑暗塔》（*The Dark Tower*）系列中，旅行者通过传送门进入这座名义上的塔的不同楼层（换句话说，就是平行地球）。2017 年，该系列的一部分被改编成电影。

《怪奇物语》中的“颠倒世界”是一个噩梦般的平行宇宙。

- 《回到未来》（*Back to the Future*）系列电影（开始于 1985 年）讲述了麦克弗莱一家的冒险经历，包括对 1885 年、1955 年和 2015 年的访问。第二部电影特别展示了另一个现实世界的缺点，一个角色利用这个缺点通过邪恶的手段致富。该剧由迈克尔·J. 福克斯（Michael J. Fox）主演。
- 在菲利普·普尔曼（Philip Pullman）的“《黑暗物质》三部曲”（*His Dark Materials*）中，孩子们在多个世界之间穿梭。第一本书《黄金罗盘》（*The Golden Compass*）于 2007 年被改编成电影。
- 《滑动门》（*Sliding Doors*，1998）是一部根据主角是否赶上火车而展现两个平行宇宙的电影。由格温妮丝·帕特洛（Gwyneth Paltrow）和约翰·汉纳（John Hannah）主演。
- 《罗拉快跑》（*Run Lola Run*，1998）是一部由弗兰卡·波坦特（Franka Potente）主演的电影。影片展示了一名女子试图在 20 分钟内获得 10 万德国马克来救她男友的命，她面临多种选择。
- 迈克尔·克莱顿（Michael Crichton）的《时间线》（*Timeline*，1999）讲述了历史学家回到中世纪的故事。（虽然这本书主要是讲述时间旅行，但其中也涉及多元宇宙。）根据这本书改编的电影于 2003 年上映。
- 2001 年的电影《唐尼·达科》（*Donnie Darko*）讲述的是一名高中生（杰克·吉伦哈尔 [Jake Gyllenhaal] 饰）发现自己遇到了幻觉，并试图弄清楚它们的含义。
- 特里·普拉切特（Terry Pratchett）和史蒂芬·巴克斯特（Stephen Baxter）的《漫长的地球》（*The Long Earth*）系列书讨论了可能与地球几乎相同的平行宇宙。
- 网飞公司（Netflix）的科幻恐怖剧《怪奇物语》（*Stranger Things*，2016 年至今）的特色是另一个维度（角色们称之为“颠倒世界”），这个维度开始影响角色们的生活。

关于宇宙的 14 个数字

我们的宇宙充满了令人费解的大数字

■ 撰文：亚塞明·沙普拉克奥卢（Yasemin Saplakoglu）

从地球上的沙粒到天空中的星星，只要加上几个零，大数字就从“可以确定的数”变成了猜测的对象。最终，它们的存在激发了我们的想象力，需要精心设计复杂的场景。它们可能在宇宙中存在，也可能不存在。从宇宙中最小的斑点到人类所能想象到的最大的数字，这里有一些数字组成了我们的宇宙。

1 0

构成微生物、植物、海洋、行星、恒星和星系（换句话说，我们整个宇宙）的总能量可能是……零。这是因为宇宙中的负能量很可能抵消了正能量。物理学家认为光、物质和反物质都是正能量，而所有粒子之间的引力能量都带负电荷。所以，一切就这样平衡了。

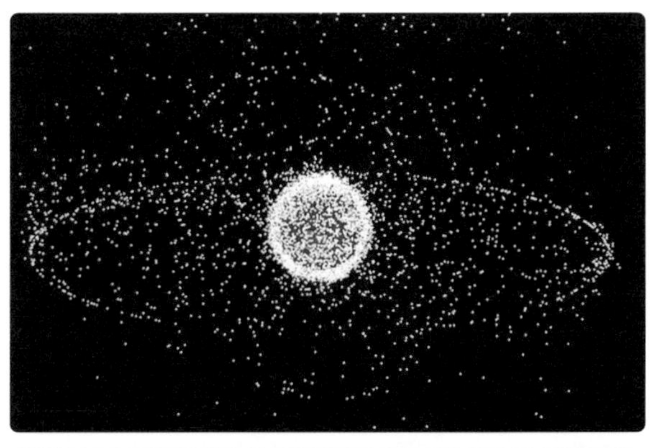

2 50 万

有超过 50 万块太空垃圾——包括流星和人造颗粒（只包括比玻璃珠大的）——在围绕着地球旋转。还有数百万的垃圾颗粒因为太小而无法追踪。这张计算机生成的图像（上）显示了地球同步区域的太空垃圾，高度约为 35785 千米。

3 100 万

理论上，100 万颗支持生命存在的行星可以围绕一个超大质量黑洞运行。天体物理学家肖恩·雷蒙德（Sean Raymond）计算出，一个黑洞的质量是太阳的 100 万倍，它周围有一个由 9 颗类太阳恒星组成的环，可以容纳 400 个行星环。每个环将有 2500 颗地球质量的行星。在这样的星系中：“你永远不会感到孤独，”雷蒙德说，“你将在天空中看到其他行星，它们显得非常巨大。”这只是行星系统的一个可能场景——而且是一个非常拥挤的场景。

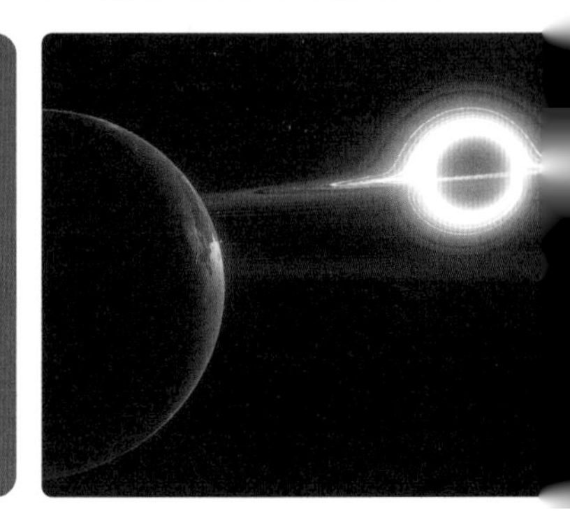

4 3万亿

根据最近的评估，世界上有超过3万亿棵树。但这只是一个估计数，真实的数字可能不一样。虽然这个数字比之前的最佳估计（约4000亿棵）要大得多，但人类每年可能会砍掉约150亿棵树，而只种植50亿棵树。据英国广播公司报道，自大约11000年前的最后一个冰川期以来，人类可能已经砍伐了3万亿棵树。

5 1000万亿（10^{15}）

地球内部可能填塞着1000万亿吨的钻石。但是这些钻石是无法获取的，它们位于地表以下145至240千米的克拉通“根部”区域，或位于大多数大陆构造板块下方的大块岩石中。地震波或震动在地表以下传播时，速度会根据它们所穿过的岩石的构成而变化，一个科学家团队发现，波动在穿过克拉通“根部”区域时往往会加速，而且与在部分由钻石组成的虚拟岩石模型中的速度一致。

6 100亿亿（10^{18}）

你有没有想过数一数沙滩上的沙粒？据美国国家公共电台报道，科学家们估计，世界上所有的海滩大约一共有700亿亿粒沙子。实际上是750亿亿个沙粒，或者说75后面加18个0。现在的问题是：为了从实验上证明这一点，我们有时间把它们全部数完吗？

7 10万亿亿（10^{21}）

据美国《新闻周刊》（*Newsweek*）报道，从人类早期开始，人类可能已经在这个星球上留下了246.4万亿亿（24.64×10^{21}）个足迹。假设一个普通人活到65岁，每天走1万步，就得到了这个计算结果。在《科学公共图书馆·综合》（*PLOS One*）杂志3月份发表的一项研究中，科学家描述了在北美发现的一些最古老的人类脚印，可以追溯到13000年前。

图片来源：美国宇航局；盖蒂图片社（Getty Images）；思想库（Thinkstock）；维基百科/巴勃罗·卡洛斯·布达西（Pablo Carlos Budassi）（知识共享协议3.0）

8 1000的8次（10^{24}）

宇宙中大约有10^{24}颗恒星。假设宇宙中有大约10万亿个星系，并乘以根据银河系估计的每个星系有1000亿颗恒星，就得到了这个计算结果。但即使是这个巨大的数字也可能低估了，因为我们并不真正知道宇宙有多大。可观测的宇宙可以追溯到大约138亿年前。但这个宇宙之外的宇宙可能是无限的。

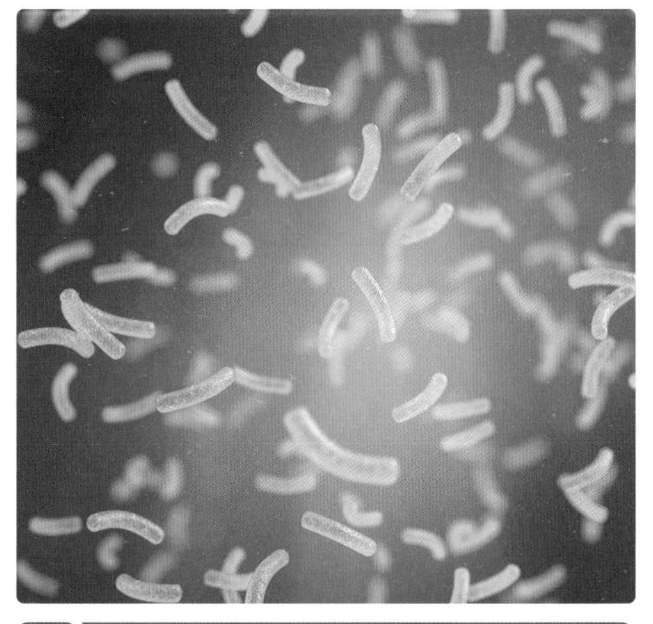

9 1000的9次方（10^{27}）

地球上大约有920×10^{27}到3170×10^{27}个微生物，罗得岛大学（University of Rhode Island）的海洋学教授斯蒂文·德洪特（Steven D' Hondt）解释说。

10 1000的10次方（10^{30}）

大约需要160×10^{30}座吉萨大金字塔才能达到银河系的质量，根据Inverse公司的说法。

11 10的51次方（10^{51}）

可观测宇宙的质量是30×10^{51}千克，相当于大约250亿个银河系的质量。天文学家贾加迪普·D. 潘迪安（Jagadheep D.Pandian）在康奈尔大学的“问天文学家”页面上回答这个问题时说。

12 10的78次方（10^{78}）

行星宇宙中大约有100×10^{78}个原子[1]。按质量计算，宇宙中大约75%是氢，25%是氦。

13 古戈尔普勒克斯（googolplex，10^10^100）

根据天文学家和天体物理学家卡尔·萨根（Carl Sagan）的说法，如果你用1.5微米左右的细尘粒子填充整个可观测宇宙，这些粒子的排列组合方式的总数有一个古戈尔普勒克斯。但其他人对古戈尔普勒克斯的含义有不同看法。

美国数学家爱德华·卡斯纳（Edward Kasner）发明了数字古戈尔（googol）来描述10的100次方（10^100）。但他实际上把这个发明归功于他的侄子米尔顿·西罗塔（Milton Sirotta），后者在1920年——9岁时创造了这个名字。米尔顿随后想出了“古戈尔普勒克斯”这个数字，他说这个数字应该是“1后面写一堆0，直到你写累了”。

图片来源：美国宇航局；盖蒂图片社；思想库；维基百科/巴勃罗·卡洛斯·布达西（知识共享协议3.0）

14 这个数字大到没有名字

假设有一套书，每本410页，每页3200字，这套书能够容纳各种字符组合（即每一本书的每一个序列都可能用任何语言书写，甚至是乱码），它的数量将在10的200万次方左右，或者10后面跟着200万个0，根据《史密森尼》（*Smithsonian*）杂志的说法。这是阿根廷作家豪尔赫·路易斯·博尔赫斯（Jorge Luis Borges）想象的“总图书馆”。这些计算是由乔纳森·巴希尔（Jonathan Basile）完成的，他在哥伦比亚大学学习英语文学，并决定创建一个数字版本的博尔赫斯图书馆，据《史密森尼》杂志介绍。

---

[1] 此处原文写的是行星而不是宇宙，但根据查阅数据，可能是作者笔误。——译者注

太阳系

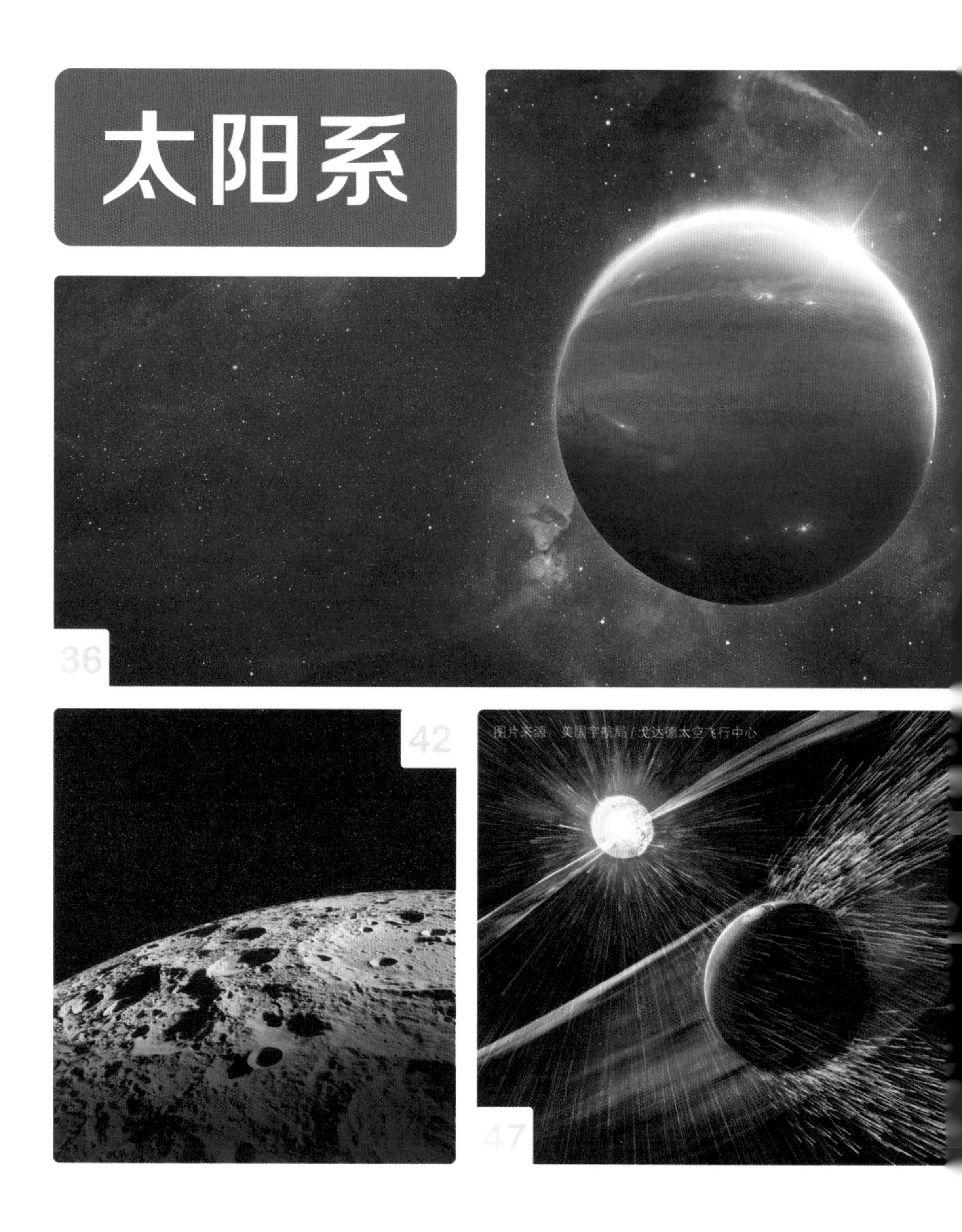

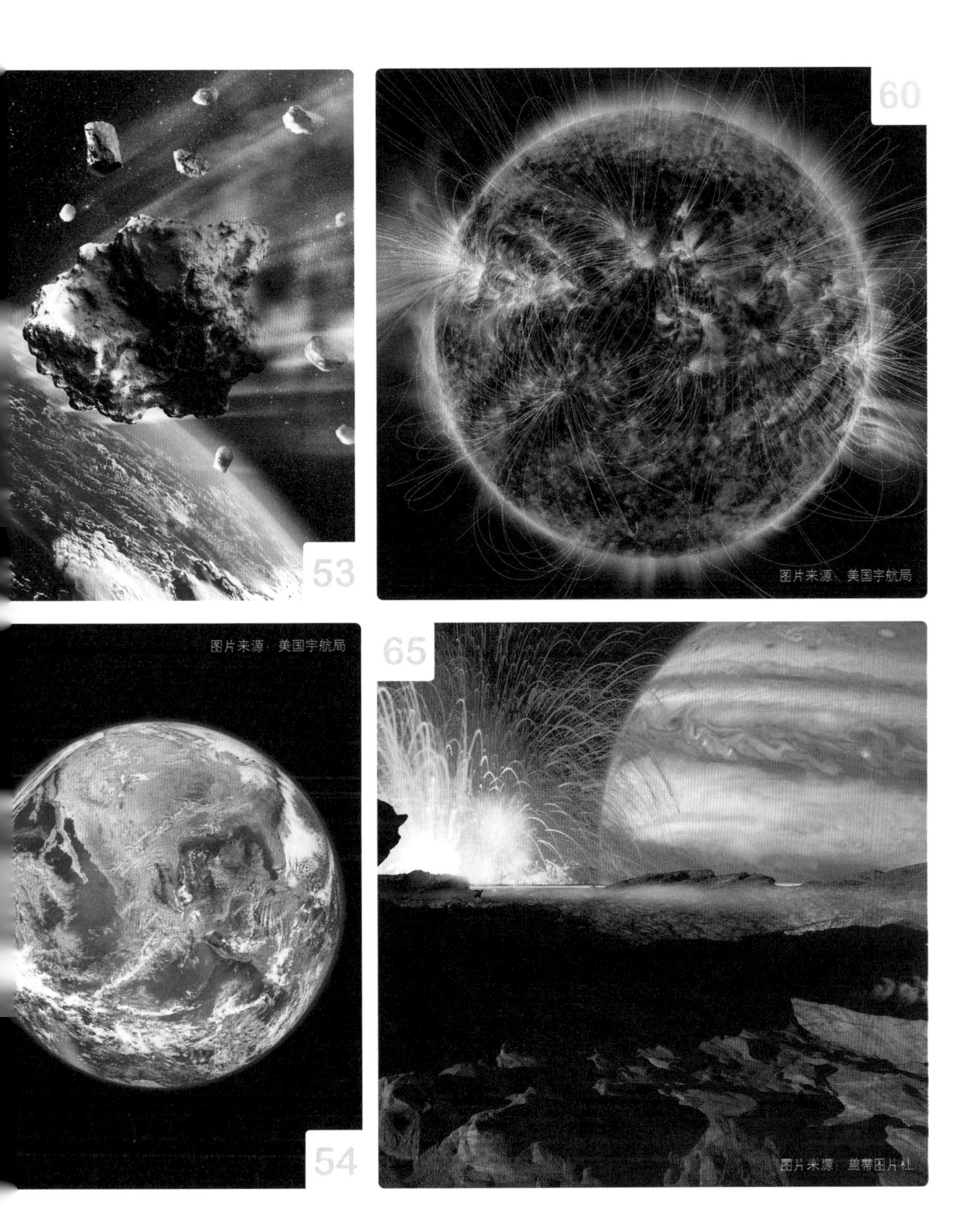
53
60
图片来源：美国宇航局
图片来源：美国宇航局
65
54
图片来源：盖蒂图片社

行星

虽然许多人可以指着木星或土星的照片称其为“行星”，但这个词的定义要微妙得多，而且随着时间的推移，它已经发生了变化

■ 撰文：罗伯特·罗伊·布里特（Robert Roy Britt）

一位艺术家对理论中的 X 行星的印象，它的存在从未得到证实。

自 1930 年发现冥王星以来，孩子们从小就在学习太阳系的“九大行星”。这一切从 20 世纪 90 年代末开始改变，当时天文学家开始争论冥王星是否为一颗行星。2006 年，国际天文学联合会做出了一个极具争议的决定，最终将冥王星列为“矮行星”，将太阳系中“真正的行星”的名单减少到 8 颗。然而，天文学家们现在正在寻找太阳系中的另一颗行星，即真正的第九大行星，它存在的证据于 2016 年 1 月 20 日公布。科学家们称之为“第九大行星”，它的质量大约是地球的 10 倍、冥王星的 5000 倍。

类地行星

靠近太阳的四颗内行星被称为“类地行星”，因为它们和地球一样，表面都是岩石。冥王星也有固体表面（而且处于冰冻状态），但从未被归为四颗类地行星之一。

类木行星

木星、土星、天王星和海王星这四个大的外行星被称为“类木行星”（意为“类似木星”），因为与类地行星相比它们都很大，而且它们本质上是气态的，没有岩石表面（尽管天文学家说，它们中的一些或全部可能有固体内核）。火星轨道外的两颗行星——木星和土星——被称为气态巨行星；更远的天王星和海王星被称为冰巨星，这是因为，前两颗以气体为主，而后两个有更多的冰。这四颗外行星的主要成分都是氢和氦。

“谷神星在 1801 年首次被发现时被认为是一颗行星”

矮行星

国际天文学联合会对成熟行星的定义是这样的：一个绕太阳运行的天体，且不是其他天体的卫星，它的体积足够大，可以靠自己的引力形成球体（但又没有大到像恒星那样发生核聚变），并且已经“清除了它附近的”大多数其他天体。是的，有点拗口。

冥王星的问题除了体积小、轨道离奇，还在于它与海王星外侧柯伊伯带的许多其他天体共享空间。尽管如此，冥王星的降级仍然存在争议。

国际天文学联合会的行星定义将其他小而圆的星球归为矮行星，包括柯伊伯带的阋神星、妊神星和鸟神星。

另一颗新发现的矮行星是谷神星，它是位于火星和木星之间的小行星带中的一颗圆形天体。谷神星在 1801 年首次被发现时被认为是一颗行星，但后来被认为是一颗小行星。一些天文学家喜欢把谷神星视作第十颗行星——不要把它跟尼比鲁星（或 X 行星[①]）混淆了，但这种想法开辟了有 13 颗行星的可能性，肯定还会发现更多的行星。

① X 也代表 10。尼比鲁星是一颗在苏美人历史遗迹中发现的假想行星，从现实角度看它并不存在。——译者注

太阳系效果图。

你知道吗？

除了天王星，所有行星都是以罗马神的名字命名的，天王星是以一位希腊神的名字命名的

遇见行星

从水星到遥远的海王星，我们太阳系中的八颗主要行星都有自己独一无二的特征

金星

金星是距离太阳第二近的行星，非常热，甚至比水星还热。金星的大气是有毒的。表面的气压会压死人类。科学家将金星的情况描述为失控的温室效应。它的大小和结构与地球相似，金星厚厚的有毒大气将热量困在其中，创造了一个地狱般的气候景观。奇怪的是，金星的自转方向与大多数行星相反。

统计数据

发　　现：古人已知，肉眼可见
英文名称：以古罗马的爱神兼美神维纳斯（Venus）之名命名
直　　径：12104 千米
公转周期：225 个地球日
日　　长：241 个地球日

水星

水星是距离太阳最近的行星，它只比地球的卫星——月球大一点。它的向阳面被太阳炙烤着，温度可以达到约 450 摄氏度，但在背阳面，温度则下降到冰点以下数百摄氏度。水星几乎没有大气层来缓冲流星的撞击，所以它的表面就像月球一样坑坑洼洼。美国宇航局的信使号探测器在四年的任务中揭示了这颗行星的真相，与天文学家最初对它的猜测不同。

统计数据

发　　现：古人已知，肉眼可见
英文名称：以罗马众神的使者墨丘利（Mercury）之名命名
直　　径：4878 千米
公转周期：88 个地球日
日　　长：58.6 个地球日

地球

地球是距太阳第三远的行星，是一个水的世界，地球三分之二的面积被海洋覆盖。这是唯一已知有生命存在的世界。地球大气中富含维持生命所需的氮和氧。在赤道上，地球以 467 米每秒的速度绕地轴自转——略高于 1600 千米每小时。这颗行星以超过 29 千米每秒的速度绕太阳旋转。

统计数据

直　　径：12760 千米
公转周期：365.24 天
日　　长：23 小时 56 分钟

火星

火星是距离太阳第四远的行星，是个寒冷多尘的地方。该行星上的尘埃是一种氧化铁，所以使其呈现出红色。火星是多岩石的行星，有山脉和山谷，上面的风暴可以发展成席卷整个星球的沙尘暴。那里会下雪，也含有水和冰。科学家们认为它曾经是湿润而温暖的。如今，火星的大气层太薄，液态水无法在其表面存在，但科学家们相信，古代火星可能有支持生命存在的条件，我们希望能找到生命曾在这颗红色星球上存在过的迹象。

统计数据

发　　现：古人已知，肉眼可见
英文名称：以古罗马的战神马尔斯（Mars）之名命名
直　　径：6787 千米
公转周期：686 个地球日
日　　长：24 小时 37 分钟

木星

木星是距离太阳第五远的行星，也是太阳系中最大的行星。它是一个气体星球，主要是氢和氦。由于有不同类型的微量气体，它的旋转云色彩丰富。大红斑是一场肆虐了几个世纪的巨大风暴。木星有很强的磁场，还有几十颗卫星。

统计数据

发　　现：古人已知，肉眼可见
英文名称：以古罗马诸神的统治者朱庇特（Jupiter）之名命名
直　　径：139822 千米
公转周期：11.9 个地球年
日　　长：9.8 个小时

天王星

天王星是距离太阳第七远的行星，是个古怪的家伙。它是唯一一颗赤道与轨道几乎成直角的巨行星——它基本上是躺在轨道上运行的。天文学家认为，很久以前，这颗行星与其他行星大小的物体相撞，导致了倾斜。这种倾斜会导致持续 20 多年的极端季节，在 84 个地球年的公转周期里，天王星两极中的每一极都会有被太阳持续照射 42 年的极昼。大气中的甲烷使天王星呈现蓝绿色。

统计数据

发　　现：威廉・赫歇尔（William Herschel）于 1781 年发现
英文名称：以古希腊众神之王乌拉诺斯（Uranus）之名命名
直　　径：51120 千米
公转周期：84 个地球年
日　　长：18 个小时

土星

这颗距离太阳第六远的行星最出名的是它的环。当伽利略・伽利莱（Galileo Galilei）在 17 世纪初第一次研究土星时，他认为土星是一个由三部分组成的天体。由于不知道自己看到的是一颗带环的行星，这位困惑的天文学家在笔记本上画了一幅草图——一个有着一个大圆圈和两个小圆圈的符号，以此作为一个句子中的名词来描述他的发现。40 多年后，克里斯蒂安・惠更斯（Christiaan Huygens）提出它们是环。土星环是由冰和岩石构成的。科学家们还不确定它们是如何形成的。这颗气态行星主要由氢和氦组成。它有许多卫星。

统计数据

发　　现：古人已知，肉眼可见
英文名称：以古罗马的农神萨图尔努斯（Saturn，拉丁语 Saturnus）之名命名
直　　径：120500 千米
公转周期：29.5 个地球年
日　　长：约 10.5 个小时

海王星

海王星是距离太阳第八远的行星，以其速度极高，有时甚至超过音速的风而闻名。这颗寒冷的行星离太阳的距离是地日距离的 30 多倍。海王星是人类在探测到之前就通过数学计算到其存在的行星。法国天文学家亚历克西·布瓦尔（Alexis Bouvard）根据天王星不符常规的轨道推测，可能有另一个天体在施加引力。德国天文学家约翰·伽勒（Johann Galle）运用计算帮助其在望远镜中找到了海王星。

统计数据

发　　现：1846 年
英文名称：以古罗马海神涅普顿（Neptune）之名命名
直　　径：49530 千米
公转周期：165 个地球年
日　　长：19 个小时

冥王星（矮行星）

冥王星在许多方面与“真正的”行星不同。它比地球的卫星月球小，它的轨道把它带进了海王星的轨道，然后又离开海王星。从 1979 年到 1999 年初，冥王星实际上是离太阳第八远的行星。1999 年 2 月 11 日，它穿过海王星的轨道，再次成为太阳系最遥远的行星——直到它被降级为矮行星。冥王星将在海王星外侧运行 228 年。它的轨道与太阳系主平面的倾角为 17.1 度。这是一个寒冷的岩石世界，只有短暂停留的大气层。2015 年 7 月 14 日，美国宇航局的新视野号探测器完成了历史上首次飞越冥王星的任务。

第九大行星

第九大行星绕太阳运行的轨道距离是海王星的 20 倍。科学家们尚未直接看到过第九行星，它的存在是通过它对遥远的柯伊伯带其他天体的引力作用推断出来的。柯伊伯带是太阳及其行星诞生时遗留下来的冰冷物体的家园。加州理工学院的科学家迈克·布朗（Mike Brown）和康斯坦丁·巴蒂金（Konstantin Batygin）在《天文学期刊》（*Astronomical Journal*）上发表的一项研究中描述了第九行星存在的证据。这项研究利用对其他六个较小的柯伊伯带天体（它们的轨道以类似方式排列）的观测结果，基于数学模型和计算机模拟推测出了第九行星的存在。

“冥王星在许多方面与‘真正的’行星不同”

月球陨石坑

月球陨石坑能告诉我们的关于地球和太阳系的信息

■ 撰文：梅根·巴特尔斯（Meghan Bartels）

小行星撞击在地球上名声不佳——它被认为是导致恐龙灭绝的原因，但真正伤痕累累的是生活在我们混乱社区中的月球。这是因为地球上有一种强大的力量，可以慢慢地抚平撞击留下的陨石坑。对于想要更好地了解飞驰在太阳系中的碎片的科学家来说，这是令人沮丧的。2019 年的一项研究利用月球表面的陨石坑来追踪月球和地球遭受撞击的历史，研究发现的迹象表明，大约 2.9 亿年前我们的周围空间比现在还要混乱。

“这是一项很酷的研究，讨论了我们动态的太阳系，月球陨石坑的存在是件好事，”密歇根阿尔比恩学院的物理学家尼科尔·泽尔纳（Nicolle Zellner，没有参与这项研究）告诉太空网，“它让人们得以思考和检测它，所以这很令人兴奋。”

在太阳系的尺度上来看，地球和月球的距离足够近，因此小行星撞击它们的频率应该差不多。地球的引力更强，可能会吸引一些额外的撞击，而且地球的表面积更大，可能会遭受更多的撞击——但就每平方英里（1 平方英里约为 2.6 平方千米）的撞击而言，它们应该是差不多的。

科学家们只在地球上发现了大约 180 个撞击坑，而月球上有数十万个撞击坑。地球会用风、雨、海洋和板块运动把它们抹去。“月球非常适合研究陨石坑，”行星科学家萨拉·马兹鲁伊（Sara Mazrouei）告诉太空网，她在多伦多大学攻读博士学位期间领导这项新研究，“那里一切都留下来了。”

但为了追溯撞击的历史，科学家们不仅需要识别陨石坑，还需要估计它们的年龄。这在月球上比在地球上要困难得多，因为地质学家目前还不能直接对月球陨石坑进行采样。

因此，这项新研究背后的团队决定采用一种可能会令人感到惊讶的测量方法：测试在漫长而寒冷的月球夜晚，陨石坑附近的岩石保持热量的能力如何。这似乎风马牛不相及，但其中的原理是这样的：当一个大的撞击物撞击月球时，它会撞出一个陨石坑，来自该撞击物的巨大岩石也会散落在陨石坑周围。随着时间的推移，这些岩石又被较小的撞击物撞击，这些撞击物把它们撞成越来越小的岩石，最终成为尘土般的风化层。因此该研究团队认为，较老的陨石坑周围会有较细小的岩石，较年轻的陨石坑周围会有较大的岩石。

然后，当月球表面从 14 天的白天转变为 14 天的夜晚时，不同岩石的温度会以不同的速度发生变化。“这个想法是，大的岩石可以在整个晚上保持热量，而风化层或沙子会失去热量，”马兹鲁伊说，“陨石坑存在的时间越久，它们周围的岩石就越少。”相应地，它们冷却得更快。

月球近（右）面和远（左）面对比图。

因此，马兹鲁伊和她的同事们研究了美国宇航局月球勘测轨道器——自2009年以来一直在绕月运行——上面一个名为“占卜者”的仪器的热成像数据。该团队确定了111个他们知道年龄不会超过10亿年的陨石坑，分析了陨石坑的热特征，并利用月球巨石崩解速度的模型来估计它们的年龄。

结果显示了一个有趣的模式：大约2.9亿年前，撞击率激增，当时的陨石坑形成的速率似乎增加了一倍多。这可能表明我们的太阳系在那时发生了一些重大变化——研究团队提出，也许是小行星带中的一块巨大太空岩石发生崩裂并撞向了地球和月球。研究团队将我们所知道的地球上的陨石坑与这些结果进行比较，结果基本一致，这表明科学家们已经发现了一个相当有代表性的陨石坑群，尽管规模很小。

然而，并非所有人都信服上述结论。“结果很有趣，但我认为并不能很好地支持这些结论。”普渡大学的行星科学家杰伊·梅洛什（Jay Melosh，没有参与这项新研究）告诉太空网。他尤其不相信他们使用的巨石崩解模型，他认为这个模型没有合理解释岩石变小的过程是如何加速的。而且他认为可靠的统计学分析需要足够多的地球陨石坑样本，他担心他们的研究样本太少。“这并不意味着它是错的，但也不意味着它是对的——我们真的不知道，”梅洛什说，“这是一次高尚的尝试，只是没有充足的数据支撑。”

泽尔纳知道研究月球陨石坑有多么困难：她研究过撞击产生的玻璃液滴，这些液滴是阿波罗号的宇航员收集带回地球的样本。但是，即使在今天的实验室技术条件下，确定这些玻璃的年代仍然是一个挑战，而且这些样本全都来自月球表面的一小块区域。轨道飞行器的数据让科学家们得以研究更大的区域，甚至覆盖了整个月球表面——这两种方法都不完美。

“我们正在竭尽所能做到最好，”泽尔纳说，“这是科学，对吧？我们提出想法，然后找到检验这些想法的方法，这些想法要么能经受住时间的考验，要么经受不住。”弄清楚月球撞击历史的工作很值得，三位科学家都提出了令人信服的理由。首先当然是自利：

地球陨石坑可能会带来一些令人不快的副作用。“每个人都对地球上的陨石坑形成的速率感兴趣，因为我们不想最终像恐龙一样。”梅洛什说。撞击造成的灾难性后果是当时四分之三的物种灭绝，尽管这次大灭绝为我们的哺乳动物祖先留下了大量的繁衍和进化空间——“我们应该感谢我们的幸运陨石，但它对于当时地球上的其他物种来说相当糟糕。”该理论认为，如果对撞击影响了解得足够多，我们也许就能在下次撞击发生时自救。对泽尔纳来说，还有一个更独特的吸引人之处：更多地了解我们的太阳系，不仅可以帮助科学家了解我们的邻居，还可以帮助他们了解许多外星太阳系——科学家们正在不断发现——的形成过程。

马兹鲁伊认为这项工作是太阳系的不同天体之间如何相互影响的一个例子。她的一位合著者已经在期待着前往水星的比皮科伦坡探测器，该探测器配备了类似于现在月球探测器上的仪器，将能够为陨石坑研究增加一个维度。

地球很适合居住，但科学家们无法闭门造车拼凑出它的过去。要了解我们的星球经历了什么，就需要研究月球及其保存完好的陨石坑表面，马兹鲁伊说：“我们也可以厘清地球的很多历史。”

“如果对撞击影响了解得足够多，我们也许就能在下次撞击发生时自救”

图片来源：美国宇航局马歇尔航天中心（NASA MSFC）

火星

我们对这颗红色星球的了解

■ 撰文：查尔斯・Q. 蔡（Charles Q Choi）

火星是离太阳第四远的行星。为了与这颗星球的血色相匹配，罗马人以他们的战神来为它命名。事实上，罗马人这是在模仿古希腊人，古希腊人就是用他们的战神阿瑞斯来为这颗行星命名的。其他文明也通常根据行星的颜色来给它命名，例如，埃及人将其命名为“Her Desher”，意思是“红色那个”，而中国古代天文学家则将其命名为“荧惑”。

火星以其鲜亮的铁锈色而闻名，这种颜色是由于它的风化层，也就是覆盖在火星表面的松散尘土和岩石，其中的矿物质富含铁。地球上的土壤也是一种风化层，不过其中富含有机物。根据美国宇航局的说法，铁矿物氧化或生锈，会导致土壤看起来是红色的。

寒冷、稀薄的大气层意味着液态水不太可能在火星表面停留。这意味着，尽管这颗荒凉的行星的直径只有地球的一半，但它拥有同样多的干燥土地。被称为“季节性斜坡纹线”的表面特征意味着可能有咸水喷涌而出并在表面流动，但这一说法的证据——一些科学家认为，从这个区域的上空轨道上发现的氢可能表明存在盐水——存在争议。

这颗红色星球上有整个太阳系中最高的山峰和最深最长的山谷。奥林匹斯山大约有 27 千米高，大约是珠穆朗玛峰的三倍，而水手号峡谷系统——以 1971 年发现它的水手 9 号探测器命名——深达 10 千米，东西延伸大约 4000 千米，大约是火星赤道长度的五分之一，接近澳大利亚的宽度。

科学家们认为水手号峡谷主要是因火星地壳拉伸时发生断裂而形成的。该峡谷系统内的单个峡谷宽度可达 100 千米。水手号峡谷的一系列峡谷在中部合并，形成了一个 600 千米宽的区域。一些峡谷末端出现的大型河道和峡谷内部的分层沉积物表明，这些峡谷可能曾经充满了液态水。

火星还有太阳系中最大的火山，奥林匹斯山就是其中之一。这座巨大的火山直径约 600 千米，其宽度足以覆盖新墨西哥州。奥林匹斯山是一个盾状火山，它的斜坡像夏威夷火山一样逐渐上升，火山喷发的熔岩在凝固之前流动了很长一段距离，形成了盾状。火星还有许多其他类型的火山地貌，从小而陡峭的锥形火山到覆盖着硬化熔岩的巨大平原。这颗行星上可能还会发生一些小型喷发。

火星上到处都是河道、山谷和沟壑，这表明在最近的

你知道吗？

火星上的一天被称为“火星日”（sol），持续 24 小时 37 分钟

内部结构

科学家们认为，火星地核的平均直径在 3000 到 4000 千米之间，地幔宽约 5400 到 7200

大气组成

95.32% 二氧化碳
2.7% 氮气
1.6% 氩气
0.13% 氧气
0.08% 一氧化碳

含有少量的水、氮氧化物、氖、重水、氪和氙。

火星轨道

到太阳的平均距离：
227936640 千米，
是地球的 1.524 倍

近日点（离太阳最近）：
206600000 千米，
是地球的 1.404 倍

远日点（离太阳最远）：
249200000 千米，
是地球的 1.638 倍。

火星勘测轨道飞行器拍摄的照片，显示了 2018 年沙尘暴席卷火星之前（左）和之后（右）的红色星球。

一段时间里，火星表面可能有液态水存在。有些水道可达 100 千米宽，2000 千米长。水可能仍然存在于地下岩石的裂缝和孔隙中。

2018 年的一项科学研究表明，火星地表以下的咸水可能含有大量的氧气，这将支持微生物的存在。然而，氧气的含量取决于温度和压力，而火星上的温度会随着自转轴的倾斜不断变化。

火星的许多区域都是平坦、低洼的平原。火星北部最低的平原是太阳系中最平坦、最光滑的地方之一，可能是由曾经流过火星表面的水冲击形成的。火星北半球的海拔大多低于南半球，这表明北半球的地壳可能比南半球薄。南北之间的差异可能是源于火星诞生后不久的一次非常大的撞击。

火星上陨石坑的数量因地而异，具体取决于火星表面的年龄。南半球的大部分表面都非常古老，所以有许多陨石坑——包括火星上最大的 2300 千米宽的赫拉斯盆地（Hellas Planitia），而北半球的表面更年轻，所以陨石坑更少。一些火山也有陨石坑，这表明它们近期喷发过，喷发产生的熔岩覆盖了旧的陨石坑。一些陨石坑周围有不寻常的碎片沉积物，类似于凝固的泥石流，这可能表明有撞击物撞击了地下水或冰。

2018 年，欧洲航天局的火星快车号探测器在冰冷的南极高原（一些报道称它是一个“湖”，但不清楚水中有多少风化层）下发现了一些物质，可能是混合着水和细颗粒的泥浆。据说这片水域大约有 20 千米宽。它的地下位置让人想起南极洲类似的地下湖泊——那里被发现有微生物存在。当年晚些时候，火星快车号还在这颗红色星球的科罗廖夫陨石坑（Korolev Crater）发现了一个巨大的冰区。

“火星地表以下的咸水可能含有大量的氧气”

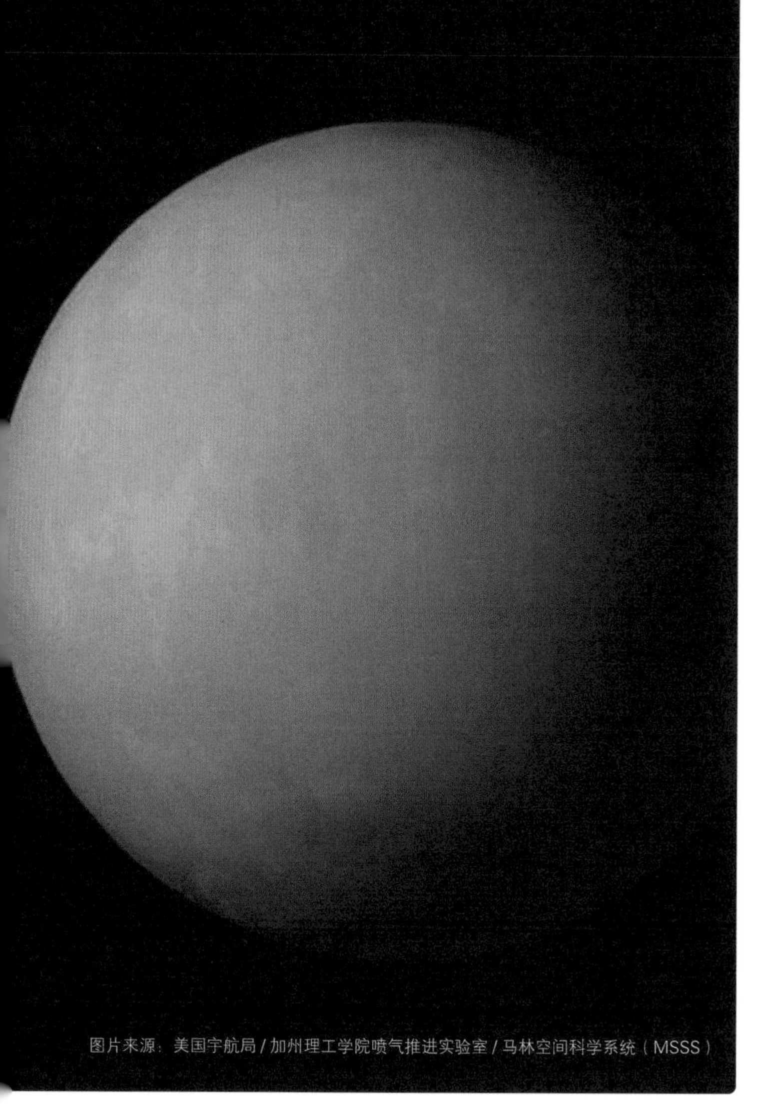

图片来源：美国宇航局 / 加州理工学院喷气推进实验室 / 马林空间科学系统（MSSS）

图片来源：美国宇航局 / 加州理工学院喷气推进实验室 / 马林空间科学系统

磁场

火星目前没有全球磁场，但其地壳的某些区域的磁化强度至少是地球上最强磁场的十倍，这表明这些区域有火星曾经有的全球磁场的残余。

图片来源：美国宇航局 / 戈达德太空飞行中心

化学成分

火星可能有一个由铁、镍和硫组成的固体地核。火星的地幔可能与地球的地幔相似，主要由橄榄岩组成，橄榄岩主要由硅、氧、铁和镁组成。火星的地壳可能主要由玄武岩（火山岩）构成，玄武岩在地球和月球的地壳中也很常见。不过火星的一些地壳岩石，特别是在北半球，可能是安山岩，安山岩是一种比玄武岩含有更多二氧化硅的火山岩。

图片来源：美国宇航局 / 加州理工学院喷气推进实验室 / 戈达德太空飞行中心 / 亚利桑那大学

美国宇航局已经发射了许多轨道飞行器、探测器和探测车来研究火星表面。

极冠

在两个半球，从两极延伸到大约纬度 80 度的地区有大量沉积物，看起来是精细分层的水和冰和尘埃，这很可能是大气在很长一段时间内沉积下来的。在两个半球的这些层状沉积物的顶部是全年保持冻结状态的冰帽。

另外，冬季还会出现季节性霜帽。它们是由固态二氧化碳构成的，也被称为“干冰”，由大气中的二氧化碳气体凝聚而成。在深冬时节，这种霜冻可以从两极延伸到低至纬度 45 度的地区，或者极地到赤道之间的中点。根据《地球物理学研究杂志・行星》（*Journal of Geophysical Research–Planets*）上的一篇报道，干冰层质地蓬松，就像刚刚落下的雪一样。

气候

火星比地球冷得多，很大程度上是因为它离太阳更远。平均温度约为零下 60 摄氏度，冬季两极附近的温度可能低至零下 125 摄氏度，中午赤道附近的温度可能高至 20 摄氏度。

火星上富含二氧化碳的大气密度也比地球大气的平均密度低 100 倍左右，但它的厚度仍然足以支持天气、云和风。火星大气层的密度随季节而变化，因为冬天的严寒会迫使空气中的二氧化碳冻结析出。在远古时代，火星的大气层可能更厚，能够支持水在其表面流动。随着时间的推移，火星大气中较轻的分子在太阳风的压力下逃逸，太阳风影响了火星的大气是因为火星没有全球磁场。今天，美国宇航局的火星大气和挥发物演化探测器（MAVEN）正在研究这一过程。

“火星上的沙尘暴是太阳系中最大的，能够覆盖这整个红色星球并持续数月”

美国宇航局的火星勘测轨道飞行器首次明确探测到二氧化碳雪云，使得火星成为太阳系中已知唯一一个拥有如此不寻常的冬季天气的天体。这颗红色星球也会从云层中降下水和冰雪。

火星上的沙尘暴是太阳系中最大的，能够覆盖这整个红色星球并持续数月。有一种理论认为，火星上的沙尘暴之所以会变得如此之大，是因为空气中的尘埃颗粒吸收了阳光，使附近的火星大气变暖。然后，温暖的空气向较冷的地区流动，产生了风。强风将更多的灰尘从地面上吹起，这反过来又加热了大气，产生了更强的风，扬起了更多的灰尘。

火星的卫星

我们对这颗红色星球的天然卫星了解多少？

火星的两颗卫星——火卫一和火卫二，是由美国天文学家阿萨夫·霍尔（Asaph Hall）在1877年的一个星期内先后发现的。霍尔原本几乎放弃了对火星卫星的探索，但他的妻子安吉丽娜鼓励他继续下去。第二天晚上他就发现了火卫二（戴摩斯），六天后又发现了火卫一（福波斯）。他以希腊战神阿瑞斯的儿子之名给卫星命名——福波斯的意思是“恐惧”，而戴莫斯的意思是“溃败”。

火卫一和火卫二显然都是由富含碳的岩石与冰混合组成，表面覆盖着灰尘和松散的岩石。它们与地球的卫星月球相比很小，形状不规则，因为它们缺乏足够的引力将自己拉成更圆的形状。火卫一最宽的地方大约是27千米，火卫二最宽的地方大约是15千米。

这两颗卫星上都布满了流星撞击留下的坑洞。火卫一表面还有错综复杂的凹槽图案，这些凹槽可能是在撞击产生火卫一上最大的陨石坑——一个大约10千米宽的洞，几乎是火卫一宽度的一半——之后形成的裂缝。它们总是以同一表面面对火星，就像月亮对地球一样。

人们还不确定火卫一和火卫二是如何形成的。它们可能是被火星引力捕获的小行星，或者是与火星同时在火星轨道上形成的。意大利帕多瓦大学的天文学家表示，从火卫一反射的紫外线提供了强有力的证据，证明这颗卫星是一颗被捕获的小行星。

火卫一正以盘旋的形式渐渐向火星靠近，每过一个世纪就靠近火星1.8米。在5000万年内，火卫一要么会撞向火星，要么会崩解，在火星周围形成一个碎片环。

许多科学家认为，火星的卫星火卫一（中）和火卫二（右）是被捕获的小行星。

图片来源：美国宇航局/加州理工学院喷气推进实验室/戈达德太空飞行中心/亚利桑那大学

轨道特征

火星的自转轴和地球一样，相对于太阳倾斜。这意味着，像地球一样，这颗红色星球上某些区域的阳光照射量在一年中变化很大，火星的季节因此形成。

然而，火星经历的季节比地球更极端，因为这颗红色星球围绕太阳运行的椭圆形轨道比太阳系中其他任何一颗主要行星都要长。

当火星离太阳最近时，它的南半球向太阳倾斜，于是南半球有一个短暂而炎热的夏天，而北半球则经历一个短暂而寒冷的冬天。当火星离太阳最远时，北半球向太阳倾斜，于是北半球有一个漫长而温和的夏天，南半球则经历一个漫长而寒冷的冬天。

这颗红色星球的自转轴倾斜度随着时间的推移而剧烈波动，因为它不像地球那样有一个大卫星来稳定。这导致火星表面在历史上经历了不同的气候。2017年的一项研究表明，倾斜度的变化也影响了甲烷向火星大气中的释放，造成了短暂的变暖期，使水得以流动。

研究和探索

第一个用望远镜观察到火星的人是伽利略·伽利莱。在接下来的一个世纪里，天文学家发现了火

图片来源：美国宇航局 / 喷气推进实验室 / 康奈尔大学

勇气号火星车在着陆点附近拍摄的荒凉的火星表面。

火星北极，由绕轨道运行的火星全球勘测者号拍摄。

“2020 年，美国宇航局发射好奇号的后续探测器，名为‘火星 2020’（毅力号），用于在这颗红色星球上寻找古老的生命迹象”

星的极地冰帽。在 19 世纪和 20 世纪，研究人员相信他们看到火星上有一个又长又直的运河网，这暗示着可能存在文明，不过后来这些被证明是对他们看到的黑暗区域的错误解读。

多年来，有许多火星岩石落到了地球上，这为科学家们提供了难得的机会，无须离开地球就可以研究火星岩石。最具争议的发现之一是 1996 年发现的火星陨石“艾伦・希尔斯 84001”，据说其形状让人联想到了小化石。

这一发现在当时引起了媒体的广泛关注，但随后的研究驳斥了这一观点。2018 年，另一项陨石研究发现，有机分子——生命的基石，尽管不一定是生命本身——可能是通过类似电池的化学反应在火星上形成的。

机器人航天器在 20 世纪 60 年代开始观测火星，美国在 1964 年发射了水手 4 号，在 1969 年发射了水手 6 号和 7 号。这些任务揭示了这颗红色星球是一个贫瘠的世界，没有任何生命的迹象，也没有人们想象中可能隐藏在那里的外星文明。1971 年，水手 9 号绕火星轨道飞行，绘制了火星 80% 的地图，并揭示了上面的火山和峡谷。

苏联在 20 世纪 60 年代和 70 年代初也发射了许多航天器，但大多数任务都失败了。火星 2 号（1971 年）和火星 3 号（1971 年）运行成功，但由于沙尘暴而无法绘制火星表面的地图。美国宇航局的海盗 1 号着陆器于 1976 年在火星表面着陆，这是美国探测器第一次成功在这颗红色星球着陆。着陆器首次拍摄了火星表面的近景照，但没有发现生命存在的有力证据。

接下来成功到达火星的两艘航天器分别是火星探路者号（着陆器）和火星全球勘测者号（轨道飞行器），它们都是在 1996 年发射的。探路者号上搭载了一个名为“旅居者”的小型机器人，这是探索另一颗行星表面的第一辆探测车，它冒险穿越这颗行星表面，分析岩石。

2001 年，美国宇航局发射了火星奥德赛轨道飞行器，飞行器于当年 10 月到达这颗红色星球。奥德赛号发现火星表层之下有大量的水和冰，大部分在地表 1 米处。目前还不确定火星地下是否有更多的水，因为探测器无法探测更深的地方。

2003 年是过去 6 万年以来火星最接近地球的时候。同年，美国宇航局发射了两辆火星车，分别被称为勇气号和机遇号，它们探索了火星表面的不同区域。两个探测器都发现了火星表面曾经有水流动的迹象。

2008 年，美国宇航局又发射了一个探测器

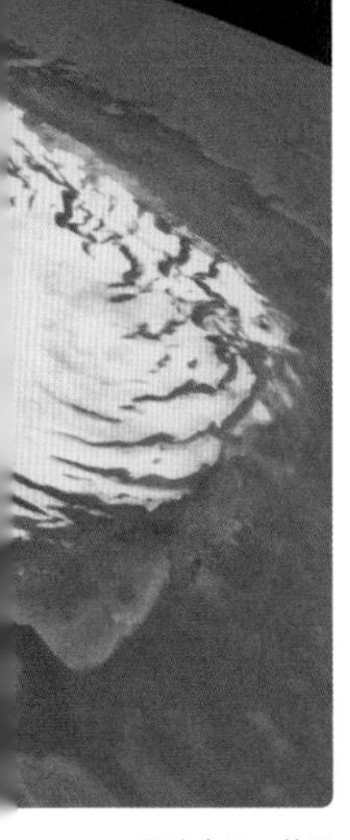

图片来源：美国宇航局/加州理工学院喷气推进实验室/马林空间科学系统

载人火星任务

第一批火星宇航员将如何到达这颗红色星球？

机器人并不是唯一有机会去火星者。一个由来自政府机构、学术界和工业界的科学家组成的研讨会小组已经确定，由美国宇航局领导的载人火星任务应该可以在21世纪30年代完成。然而，在2017年底，特朗普政府指示美国宇航局在前往火星之前先将人类送回月球。美国宇航局现在更专注于一个名为“门户”的月球轨道平台，它将是一个基于月球的空间站，也是进一步探索太空的指挥部。

在过去的几十年里，机器人登陆火星的任务取得了很大的成功，但将人类送上火星仍然是一个相当大的挑战。以目前的火箭技术，人类前往火星需要几个月的时间，这意味着他们将在微重力下生活几个月，这对人体有毁灭性的影响。而且经过数月的微重力环境之后，在火星中等重力的环境中活动可能会非常困难。国际空间站上仍在继续研究微重力的影响。

美国宇航局并不是唯一一个有希望将宇航员送上火星的机构。太空探索技术公司的创始人埃隆·马斯克（Elon Musk）勾勒出了将人类送上火星的多种概念。2018年11月，马斯克将太空探索的“大猎鹰火箭”更名为“星际飞船”。其他国家，包括中国和俄罗斯，也宣布了将人类送上火星的目标。

私营公司正在争夺首次将人类送上火星的机会。

凤凰号，降落在火星北部平原并寻找水，它成功地做到了。

2011年，美国宇航局的火星科学实验室探测器发射了好奇号火星车，调查火星岩石并确定它们形成的地质过程。该火星车在这颗红色星球表面发现了第一颗陨石。火星车还在火星表面发现了复杂的有机分子，以及大气中甲烷浓度的季节性波动。

美国宇航局还有另外两个轨道飞行器，火星勘测轨道飞行器和火星大气和挥发性演化（MAVEN）探测器。欧洲航天局也有两个航天器绕火星运行：火星快车号和微量气体轨道飞行器。

2014年9月，印度的火星轨道飞行器也到达了这颗红色星球，印度成为第四个成功进入火星轨道的国家。

2018年5月，美国宇航局向火星表面发射了一个名为“火星洞察号”的固定着陆器。自当年11月登陆以来，洞察号一直在通过一个伸入地下的探测器来检测火星的地质活动[1]。

① 当地时间2022年12月21日，美国宇航局宣布，对火星进行了4年多科学探测任务的洞察号无人探测器，任务正式结束。——译者注

陨石能告诉我们什么？

关于陨石的研究为人们研究地球的形成提供了一些惊喜

■ 撰文：伊丽莎白·豪厄尔

2017年的研究让科学家们更好地理解了关于早期地球的三个问题：很久以前是什么样的原材料结合在一起形成了地球，水是什么时候到达我们的星球的，为什么地球和它的卫星的成分如此相似。2017年1月25日发表在《自然》(*Nature*）杂志上的两项研究表明，地球的主要组成部分是类似于顽火辉石球粒陨石的岩石，并且地球是在形成过程中逐渐获得了大部分水，而不是在最后一次大爆发中获得的。

华盛顿卡内基科学研究所（Carnegie Institution for Science in Washington, D.C.）的地球化学家理查德·卡尔森（Richard Carlson，没有参与这两项研究）在发表于《自然》杂志上的一篇关于这两项研究的评论文章中写道："这两篇论文中提出的结果指向了一个令人不安的结论，即我们收集的陨石并不是构成地球基石的特别好的样本。"

水是什么时候到达地球的？

卡尔森写道，自20世纪70年代以来，科学家们就知道，地球岩石的氧同位素丰度与大多数陨石都不同，除了顽火辉石球粒陨石。同位素是同一元素的变体，它们的原子核中有不同数量的中子。

但是地球岩石和顽火辉石球粒陨石的元素组成并不相同，所以大多数研究人员使用的地球形成模型是基于另一种陨石——碳质球粒陨石，这种陨石富含挥发物（低沸点的化合物，如水），他补充说。

通过追踪地球岩石和陨石中不同的同位素丰度，两项研究都得出结论，在地球形成历史的晚期，类似碳质球粒陨石的构造块并不常见。

具体来说，其中一项由芝加哥大学地球化学家尼古拉斯·多法斯（Nicolas Dauphas）进行的研究表明，地球最初60%的增长可能是由于几种不同类型的陨石，而其余40%的陨石几乎都来自顽火辉石球粒陨石。

第二项研究是由德国明斯特大学的马里奥·菲舍尔－格德（Mario Fischer-Gödde）和特恩斯滕·克莱内（Thorsten Kleine）进行的，他们支持了这一结论，表明在地球的晚期增长历史中，类似于顽火辉石球粒陨石的岩石可能占主导地位。

这些发现表明，地球形成的整个历史中都有水到来，而不是像一些研究人员所提出的那样，水直到地球形成的尾声才伴随着一连串的碳质球粒陨石（或彗星风暴，或两者俱有）来到地球，卡尔森写道。

"如果地球吸收的最后0.5%的物质是由一种特殊类型的富含挥发物的碳质球粒陨石组成的（这种陨石被称为CI球粒陨石），那么相当于地球海洋总量的水就会被添加到地球上，"卡尔森解释说，"但菲舍尔－格德和克莱因的测量结果表明，这种晚积聚的物质是由相对'干燥'的顽火辉石球粒陨石组成的。"

然而，这个结论仍然留下了一个问题：为什么地球表面的成分与顽火辉石球粒陨石的成分不匹配？卡尔森提出了两种可能的解释：地球内部深处与表面截然不同（他写道，出于各种原因，这是不太可能的），或者，正如多法斯在他的论文中所指出的那样，随着地球的进化，地球表面的顽火辉石球粒陨石发生了变化。

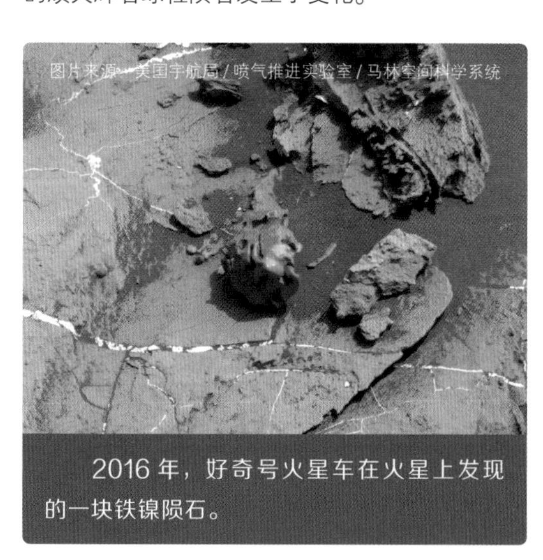

2016年，好奇号火星车在火星上发现的一块铁镍陨石。

在穿越大气层过程中没有烧光而是坠落到地面的所有太空岩石都被称为陨石。

地球

到目前为止，在我们发现的所有行星中，我们这颗呈淡蓝点的星球是独一无二的

■ 撰文：查尔斯·Q. 蔡

地球，我们的家园，是距离太阳第三远的行星。它是人类已知的大气中含有自由氧、表面有海洋，当然，还有生命的唯一一颗行星。

地球是太阳系中第五大行星。它比木星、土星、天王星和海王星这四颗气态巨行星要小，但比水星、火星和金星这三颗岩石行星要大。

地球的直径大约是 13000 千米，它是圆的，因为引力会把物质拉成一个球。但是，它不是完美的圆。地球实际上是一个“扁圆球体”，因为它的自转导致它在两极被压扁，在赤道处则会膨胀。

地球表面大约 71% 被水覆盖，其中大部分的水在海洋中。地球大气中大约五分之一是由植物产生的氧气。几个世纪以来，科学家们一直在研究我们的星球。最近几十年，通过研究从太空中拍摄的地球照片，科学家们了解了很多东西。

地球公转

当地球绕太阳公转时，它同时还围绕着一条假想的从北极到南极的轴线旋转。地球绕地轴自转一周需要 23.934 小时，绕太阳公转一周需要 365.26 天。

地球的自转轴相对于黄道面是倾斜的，黄道面是地球绕太阳运行轨道的一个假想平面。这意味着，在一年中的不同时间内，北半球和南半球时而靠近太阳，时而远离太阳。两个半球接收的阳光量因此改变，从而产生了季节。

地球的轨道不是一个完美的圆形，而是一个椭圆形，类似于所有其他行星的轨道。我们的星球在 1 月初离太阳近一些，在 7 月离太阳远一些，不过比起地轴倾斜引起的冷热更替，这种变化对冷热的影响要小得多。地球恰好位于太阳周围所谓的“宜居带”内，这里的温度正好可以让地球表面的水维持液态。

地球的形成和进化

科学家认为，大约 46 亿年前，当一团巨大的气体尘埃云（即太阳星云）旋转合并形成太阳系时，地球与太阳和其他行星大致同时形成。当星云在自身引力的作用下坍塌时，它旋转得越来越快，并被压扁成一个圆盘。圆盘的大部分物质被拉向中心形成了太阳。

盘内的其他粒子相互碰撞并黏在一起形成了更大的物体，包括地球。科学家们认为地球最初是一团没有水的岩石。

你知道吗？

取决于你在地球上的位置，你可能正以每小时 1600 多千米的速度在太空中旋转！

图片来源：美国宇航局

你知道吗？

研究显示，地球的引力是“多块状的”——它的强度在地球表面是不均匀的。

“地磁场的形成是由于地核，地磁场有助于使来自太阳的有害带电粒子偏转”

“人们认为，由于在地球周围飞行的这些小行星和彗星会与地球发生碰撞，早期地球的环境可能像地狱一样。”科罗拉多州博尔德市西南研究所（Southwest Research Institute in Boulder, Colorado）的行星科学家西蒙娜·马奇（Simone Marchi）此前告诉太空网。但近年来，对古代微观晶体所含矿物质的新分析表明，在地球形成的最初 5 亿年里，液态水已经存在。

岩石中的放射性物质和地球深处不断增加的压力，产生了足够的热量来融化地球内部，导致一些化学元素上升到表面并形成水，而另一些则成为大气中的气体。最近的证据表明，地壳和海洋可能是在地球形成后大约 2 亿年内形成的。

内部结构

地核大约有 7100 千米宽，略大于地球的半径，与火星直径相当。地核最外层的 2250 千米是液态的，而内核是固态的。地球内核大约是月球的五分之四大，直径约 2600 千米。地磁场的形成是由于地核，地磁场有助于使来自太阳的有害带电粒子偏转。

地核之上是约 2900 千米厚的地幔。地幔不完全坚硬，可以缓慢流动。地壳漂浮在地幔上，就像木头漂浮在水面上一样。地幔中岩石的缓慢运动使得大陆跟着移动，引起地震、火山和山脉的形成。

在地幔之上，地球有两种地壳。大陆上的干燥陆地主要由花岗岩和其他轻硅酸盐矿物组成，而海底主要由一种被称为玄武岩的深色致密火山岩组成。大陆地壳平均厚度约为 40 千米，在某些地区可能更薄或更厚。海洋地壳通常只有 8 千米厚。玄武岩地壳的低处充满水，就形成了世界上的海洋。

地球越往地核的方向会越热。在大陆地壳的底部，温度达到 1000 摄氏度，在地壳以下，每往下 1 千米温度升高 1 摄氏度。地质学家认为，地球外核的温度约为 3700 至 4300 摄氏度，而内核的温度可能达到 7000 摄氏度，比太阳表面还要热。

磁场

地球磁场是由地球外核的电流产生的。磁极总是在移动，自 19 世纪 30 年代开始追踪以来，磁北极每年加速向北移动约 40 千米。磁北极可能会在几十年内离开北美，到达西伯利亚。

地球磁场也在以其他方式发生变化。据美国宇航局称，自 19 世纪以来，全球磁场减弱了 10%。与过去地球磁场的变化相比，这些变化是温和的。地磁大约每百万年就会发生几次完全翻转，北极和南极互换位置。磁场可能需要 100 到 3000 年才能完成一次翻转。

澳大利亚国立大学教授安德鲁·罗伯茨（Andrew Roberts）表示，在古代，当地磁发生翻转时，地球磁场的强度会下降约 90%，这种下降会使地球更容易受到太阳风暴和辐射的影响。太阳风暴和辐射可能会严重破坏卫星，扰乱我们的现代通信和电力基础设施。

“希望这样的事件是在遥远的未来，我们可以开发未来技术来避免巨大的破坏。”罗伯茨在一份声明中说。

当来自太阳的带电粒子被困在地球磁场中时，它们会撞向磁极上方的空气分子，导致它们发光。这种现象被称为极光，即北极光和南极光。

地球大气层

地球大气层大致由 78% 的氮气和 21% 的氧气组成，还有微量的水、氩气、二氧化碳和其他气体。太阳系中的任何其他地方都没有富含自由氧的大气层，而自由氧对地球的另一个独特特征——生命（或者至少是我们所知道的生命）——至关重要。

大气层环绕着地球，离地球表面越远，空气就越稀薄。在地球上空大约 160 千米的地方，空气非常稀薄，卫星可以几乎不受阻力影响地穿过大气层。尽管如此，在距离地球表面 600 千米的高空仍能找到大气层的痕迹。

大气的最底层被称为对流层，一直在运动。这种永恒的运动就是我们有天气的原因。阳光加热地球表面，导致热空气上升到对流层。当气压降低时，空气膨胀并冷却，因为这些冷空气比周

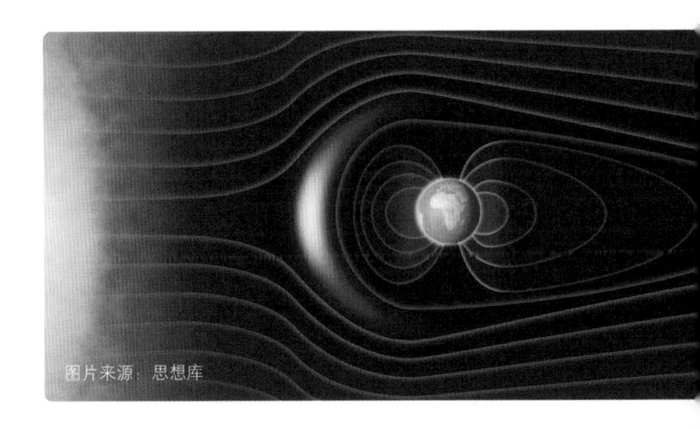

图片来源：思想库

围环境密度大，它们会下沉然后被地球加热，循环再次开始。

在对流层之上，距离地球表面约 48 千米的地方是平流层。平流层的静止空气中含有臭氧层，这是紫外线使三个氧原子结合在一起形成臭氧分子而产生的。臭氧可以阻止太阳的大部分有害紫外线辐射到达地球表面。如果大部分紫外线到达地球表面，可能会破坏生命，让生命变异。

大气中的水蒸气、二氧化碳和其他气体吸收了来自太阳的热量，使地球变暖。如果没有这种所谓的“温室效应”，地球可能会因为太冷而不适合生命存在。不过，现在在金星上看到的地狱般的环境，正是由于温室效应失控导致的。

地球同步轨道卫星显示，由于热胀冷缩，上层大气实际上在白天膨胀，在夜间收缩。

化学组成

氧是地壳岩石中最丰富的元素，大约占所有岩石重量的 47%；第二丰富的元素是硅，占 27%；其次是铝，占 8%；铁，5%；钙，4%；钠、钾和镁各占 2% 左右。

地核主要由铁和镍组成，可能还有少量较轻的元素，如硫和氧。地幔是由富含铁和镁的硅酸盐岩石构成的。（硅和氧的结合物被称为二氧化硅，含有二氧化硅的矿物被称为硅酸盐矿物。）

地球的卫星

地球的卫星月球直径 3476 千米，约为地球直径的四分之一。我们的星球有一个卫星，而水星和金星一个都没有，太阳系中其他所有行星都有两个或更多的卫星。

关于月球是如何形成的，主流解释是：原始的熔融地球遭受了一次巨大的撞击，撞出去的物质飞到了现在月球的轨道上，形成了月球。科学家们认为，撞击地球的物体质量大约是地球的

10%，大约是火星的大小。

地球上的生命

地球是宇宙中已知的唯一拥有生命的行星。地球上有数百万种生命，从最深的海洋底部到十来千米外的大气层中，都有生命生活着。科学家们认为还有更多的物种有待发现。

研究人员怀疑太阳系中其他可能存在生命的候选者——比如土星的卫星土卫六或木星的卫星木卫二——可能居住着原始生物。科学家们尚未精准地确定我们的原始祖先是如何出现在地球上的。一种解释是，生命最初是在附近的火星（曾经是一个适宜居住的星球）上进化而来的，然后被其他太空岩石撞击而出的陨石带到了地球。

“幸运的是，我们最终来到了这里，因为地球肯定是两颗行星中更适合维持生命的一颗，”佛罗里达州韦斯特海默科技研究所（Westheimer Institute for Science and Technology in Florida）的生物化学家史蒂文·本纳（Steven Benner）在接受太空网采访时表示，“如果我们假设的火星祖先留在了火星上，可能就没有后续故事可讲了。”

地球轨道数据

到太阳的平均距离：149598262 千米

近日点（最接近太阳的点）：147098291 千米

远日点（离太阳最远的点）：152098233 千米

日长（绕地轴自转周期）：23.934 小时

年长（绕太阳公转周期）：365.26 天

赤道轨道倾角：23.4393 度

图片来源：美国宇航局 / 喷气推进实验

太阳

有关我们太阳系的恒星的一切，它的年龄、大小和历史

■ 撰文：查尔斯·Q. 蔡

太阳位于太阳系的中心，是迄今为止太阳系中最大的天体。它占据了太阳系 99.8% 的质量，直径大约是地球的 109 倍——太阳可以装进 100 多万个地球。

太阳的可见部分温度大约是 5500 摄氏度，而核心的温度在核反应的驱动下高达 1500 万摄氏度。据美国宇航局称，要达到太阳产生的能量，需要每秒引爆 1000 亿吨炸药。

太阳是银河系 1000 多亿颗恒星中的一颗。它的轨道距离银河系核心约 25000 光年，每 2.5 亿年左右完成一次公转。太阳仍相对年轻，是星族 I 星的一部分，这一代恒星含有相对丰富的比氦重的元素。较老的一代恒星被称为星族 II 星，可能还存在更早的一代星族 III 星，不过这一代的成员还不为人所知。

形成和进化

太阳大约诞生于 46 亿年前。许多科学家认为太阳和太阳系的其他部分是由一团巨大的气体尘埃云旋转形成的，这个云团被称为太阳星云。当星云在自身引力的作用下坍塌时，它旋转得越来越快，并被压扁成一个圆盘。圆盘的大部分物质被拉向中心形成了太阳。

太阳有足够的核燃料，可以继续维持现在的状态 50 亿年。在那之后，它将膨胀成为一颗红巨星。最终，它将剥离其外层，剩下的核心将坍缩成一颗白矮星。慢慢地，它会变得暗淡，进入最后阶段，成为一个昏暗、寒冷的天体，有时被称为黑矮星，这种天体目前只存在于理论中。

内部结构和大气层

太阳和它的大气层被分成几个区域层。太阳的内部，从内到外，由核心、辐射区和对流层组成。上面的太阳大气层由光球层、色球层、过渡区和日冕组成。在那之外是太阳风，从日冕层流出的一种气体。

从太阳中心到太阳半径四分之一的区域是太阳核心。虽然这部分只占太阳体积的大约 2%，但它的密度几乎是铅的 15 倍，占据了太阳近一半的质量。接下来是辐射区，从太阳核心一直到太阳半径的 70%，占太阳体积的 32%、质量的 48%。来自核心的光在这个

“太阳有足够的核燃料，可以继续维持现在的状态 50 亿年”

图片来源：美国宇航局

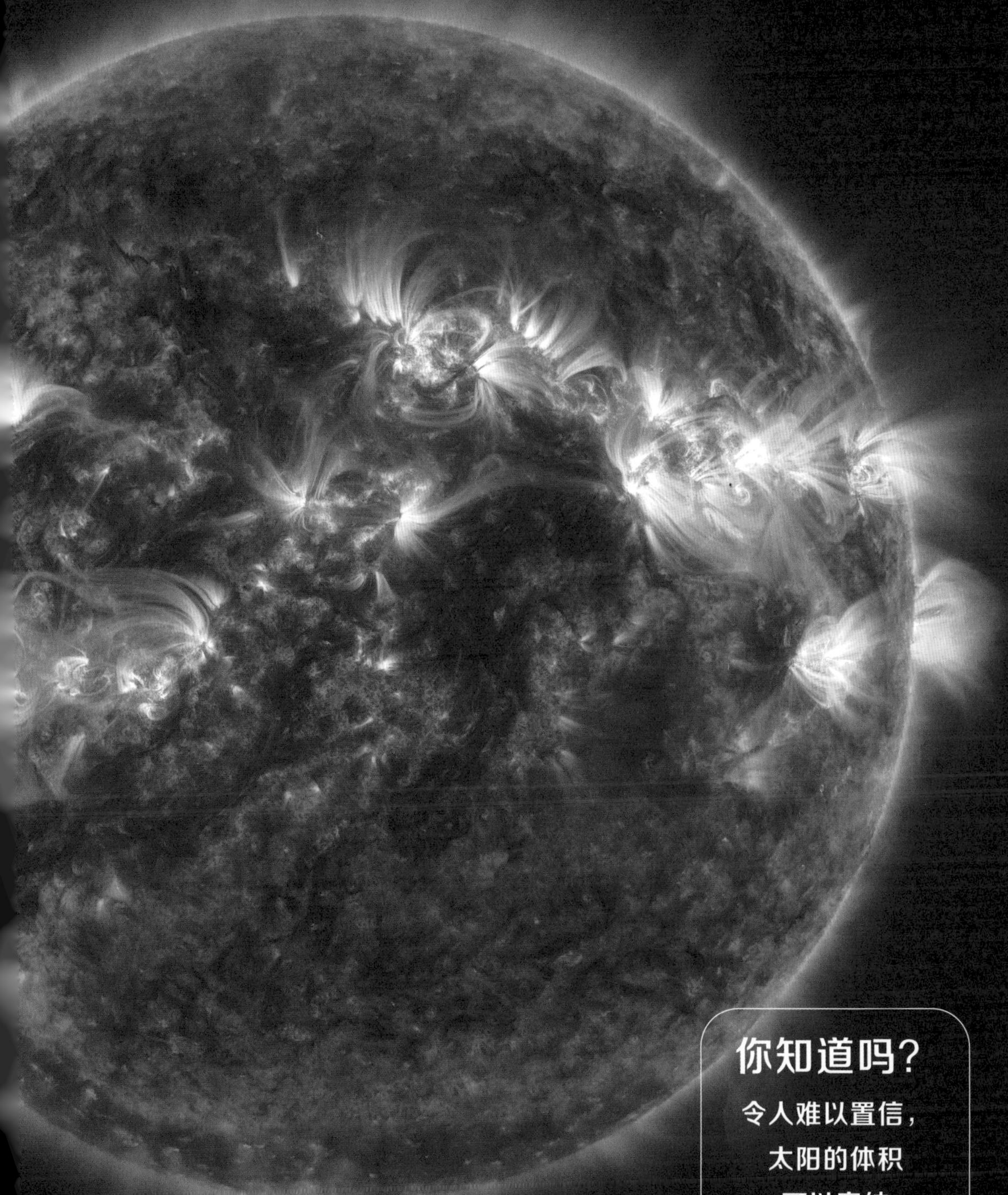

你知道吗？

令人难以置信，
太阳的体积
可以容纳
130 万个地球

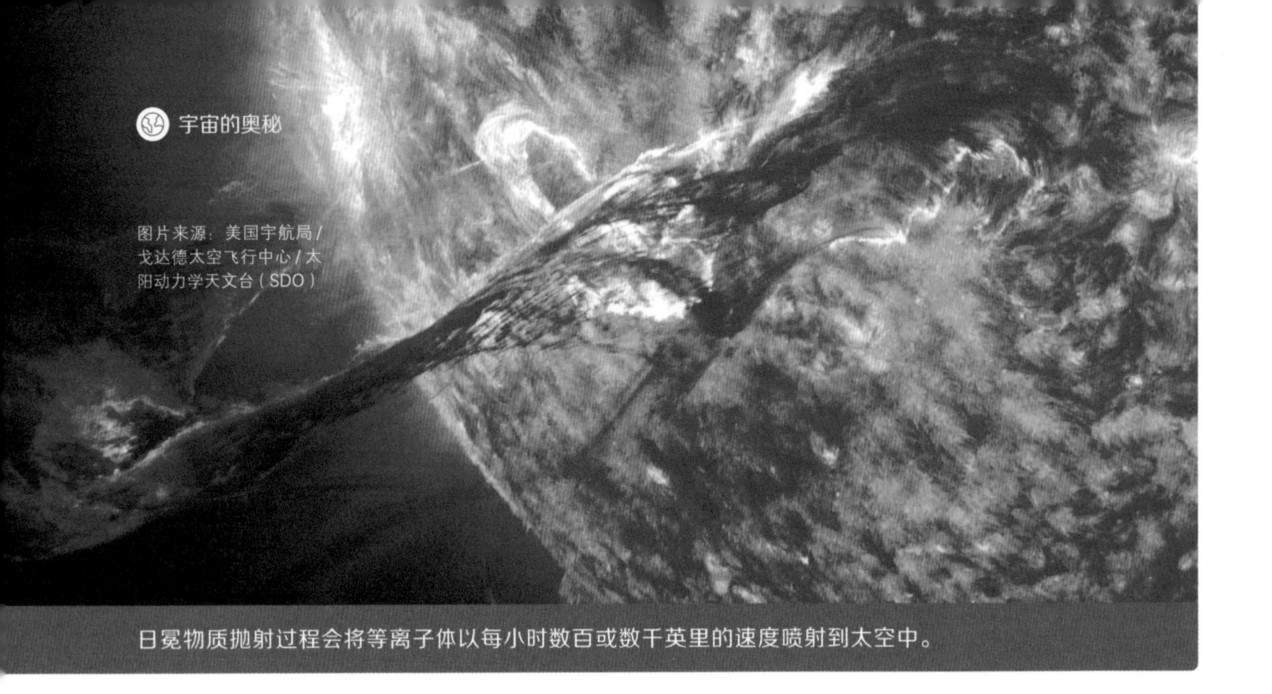

日冕物质抛射过程会将等离子体以每小时数百或数千英里的速度喷射到太空中。

区域分散开，一个光子通常需要大约 100 万年才能通过。

对流层一直延伸到太阳表面，占太阳体积的 66%，但只占太阳质量的 2% 多一点。这一区域主要是沸腾翻滚的气体——“对流细胞”。太阳对流细胞主要有两种——直径约 1000 千米的粒状细胞和直径约 3 万千米的超粒状细胞。

光球层是太阳大气层的最底层，我们所看到的光正是由它发出。它大约有 500 千米厚，不过大部分的光来自它最底部的三分之一层。光球层的温度从底部 6125 摄氏度到顶部 4125 摄氏度不等。接下来是色球层，它更热，高达 19725 摄氏度，显然完全由尖状结构（被称为针状体）组成，厚度一般约 1000 千米，最高可达 10000 千米。

上方是几百到几千英里厚的过渡区，它被上面的日冕加热，并以紫外线的形式释放出大部分光线。日冕超级热，它是由电流环路和电离气体流等结构组成的。日冕的温度一般在 50 万摄氏度到 600 万摄氏度之间，当发生太阳耀斑时，甚至可以达到数千万摄氏度。日冕中的物质以太阳风的形式被吹走。

磁场

总的来说，太阳磁场的强度只有地球磁场的两倍。然而，太阳磁场会高度集中在小范围内，强度是平时的 3000 倍。由于太阳的赤道部位比高纬度地区旋转得快，而且太阳的内部比表面旋转得快，所以磁场出现了扭曲。这些扭曲形成了太阳的各种特征，从太阳黑子到壮观的耀斑和日冕物质抛射。耀斑是太阳系中最猛烈的喷发，而日冕物质抛射不那么猛烈，但会抛射大量的物质——一次抛射可以喷出大约 200 亿吨的物质进入太空。

化学组成

与大多数其他恒星一样，太阳主要由氢组成，其次是氦，剩下的物质几乎都由其他七种元素组成——氧、碳、氖、氮、镁、铁和硅。从组成比例来看，太阳中每 100 万个氢原子对应 9.8 万个氦原子、850 个氧原子、360 个碳原子、120 个氖原子、110 个氮原子、40 个镁原子、35 个铁原子和 35 个硅原子。尽管如此，氢是所有元素中最轻的，所以它只占太阳质量的 72% 左右，而氦占 26% 左右。

太阳黑子和太阳周期

太阳黑子是太阳表面相对较冷、颜色较暗的部分，通常大致呈圆形。在太阳内部密集的磁力线束穿过太阳表面的地方就会出现这一情况。

太阳黑子的数量随着太阳磁场活动的变化而变化——从最小值 0 到最大值大约 250 个太阳黑子，然后再回到最小值，这一变化过程被称为太

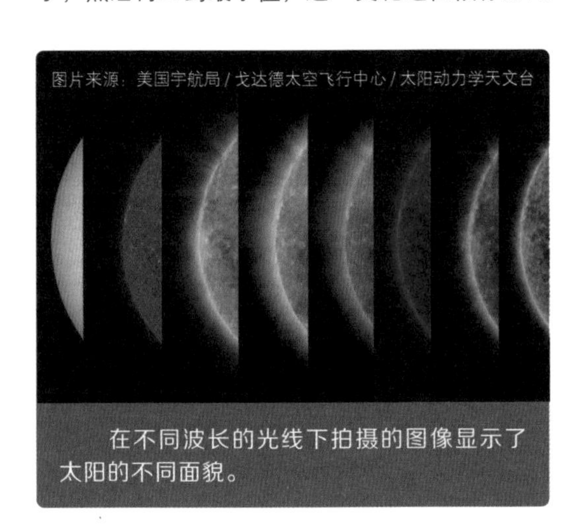

在不同波长的光线下拍摄的图像显示了太阳的不同面貌。

“由于太阳的赤道部位比高纬度地区旋转得快，而且太阳的内部比表面旋转得快，所以磁场出现了扭曲”

阳周期，平均约为 11 年。在一个周期结束时，磁场的极性会迅速逆转。

观测和历史

古代文化经常通过修饰天然岩石或建造石碑来标记太阳和月亮的运动，古代人会确定季节图、创建日历、监测日食。许多人相信太阳绕着地球转，古罗马天文学家托勒密（Ptolemy）在公元 150 年左右以著述讨论分析了“地心说”体系。

1543 年，尼古拉·哥白尼（Nicolaus Copernicus）的著作阐述了以太阳为中心的“日心说”。1610 年，伽利略·伽利莱发现了木星的卫星，揭示了并非所有的天体都围绕地球旋转。

为了更多地了解太阳和其他恒星是如何工作的，在使用火箭进行早期观测之后，科学家们开始从地球轨道上研究太阳。美国宇航局在 1962 年至 1971 年间发射了一系列的 8 个轨道观测站，被称为轨道太阳观测站。其中 7 颗成功了，它们在紫外线和 X 射线波长下分析了太阳，并拍摄了超级热的日冕，还获得了其他成就。

1990 年，美国宇航局和欧洲航天局发射了尤利西斯探测器，首次对太阳两极进行了观测。2004 年，美国宇航局的创世纪号航天器将太阳风样本带回了地球，以进行研究。2007 年，美国宇航局的双航天器“日地关系”观测站（STEREO）传回了太阳的第一张三维图像。2014 年，美国宇航局与 STEREO-B 失去了联系，此后除了 2016 年的一段短暂时间，STEREO-B 一直处于失联状态。STEREO-A 则保持良好运行。

迄今为止，最重要的太阳探测项目之一是太阳与太阳风层观测器（SOHO），其设计目的是研究太阳风，以及太阳的外层和内部结构。它拍摄了太阳表面下黑子的结构，测量了太阳风的加速度，发现了日冕波和太阳龙卷风，发现了 1000 多颗彗星，并彻底提升了我们预测太空天气的能力。

近年来，美国宇航局的太阳动力学天文台传回了以前从未见过的太阳黑子爆发时向外喷射物质流的细节、太阳表面活动的特写，以及第一次在极紫外波长范围内对太阳耀斑进行的高分辨率测量情况。

还有其他观测太阳的项目计划在接下来的几年里开展。欧洲航天局的太阳轨道飞行器于 2018 年发射，后进入预定轨道绕太阳运行。它离太阳最近的距离是 4300 万千米，比水星离太阳的距离近 25%。太阳轨道飞行器将在一个相对靠近太阳的环境中观察粒子、等离子体和其他物质，直到这些物质因穿越太阳系而被改变。该项目的目的是更好地了解太阳表面和太阳风。

帕克太阳探测器于 2018 年发射，将极端接近太阳，到 2025 年时它与太阳的距离只有 650 万千米。它用于观察日冕，以了解更多关于能量如何在太阳中流动、太阳风的结构以及高能粒子如何传输的信息。

图片来源：美国宇航局戈达德太空飞行中心

活跃区域上方的日冕环正将等离子体降落回太阳表面。

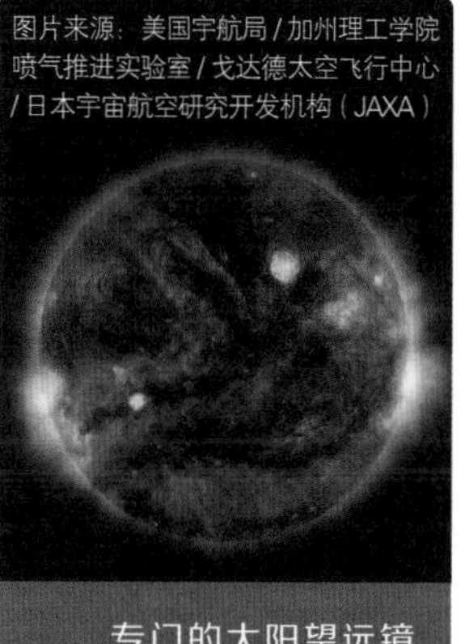

图片来源：美国宇航局 / 加州理工学院喷气推进实验室 / 戈达德太空飞行中心 / 日本宇宙航空研究开发机构（JAXA）

专门的太阳望远镜监视着太阳的活动。

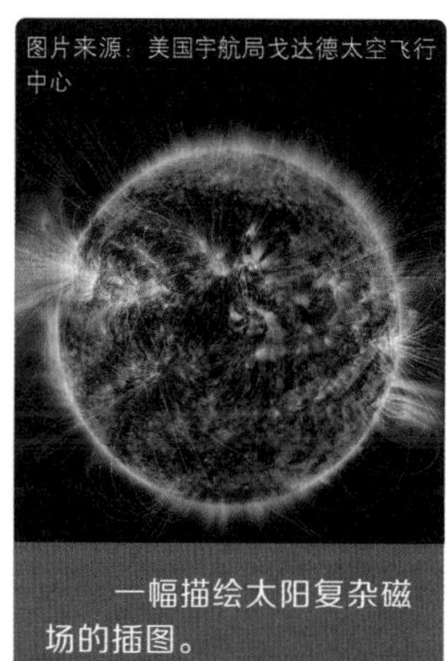

图片来源：美国宇航局戈达德太空飞行中心

一幅描绘太阳复杂磁场的插图。

关于太阳系的 25 个怪异事实

继续读下去，你会发现一些关于行星、矮行星、彗星和太阳系周围其他不可思议的天体的最怪异的事实。

■ 撰文：伊丽莎白·豪厄尔

1 天王星几乎是横躺着的

乍一看，天王星似乎是一个毫无特色的蓝色球体，但仔细观察，这个接近太阳系边缘的气态巨行星却相当奇怪。首先，天王星几乎是横躺着自转，原因科学家们还没有完全弄清楚。最可能的解释是，它在古代经历了一次或多次巨大的碰撞。无论如何，极高的倾斜度使天王星在太阳系行星中独一无二。

天王星也有纤细的环，这是在 1977 年天王星经过一颗恒星前（从地球的角度）时被证实的；由于当时这颗恒星的光线反复闪烁，天文学家意识到挡住它星光的不仅仅是一颗行星。最近，天文学家在天王星最接近太阳的几年后发现了天王星大气中的风暴，当时的大气温度达到最高。

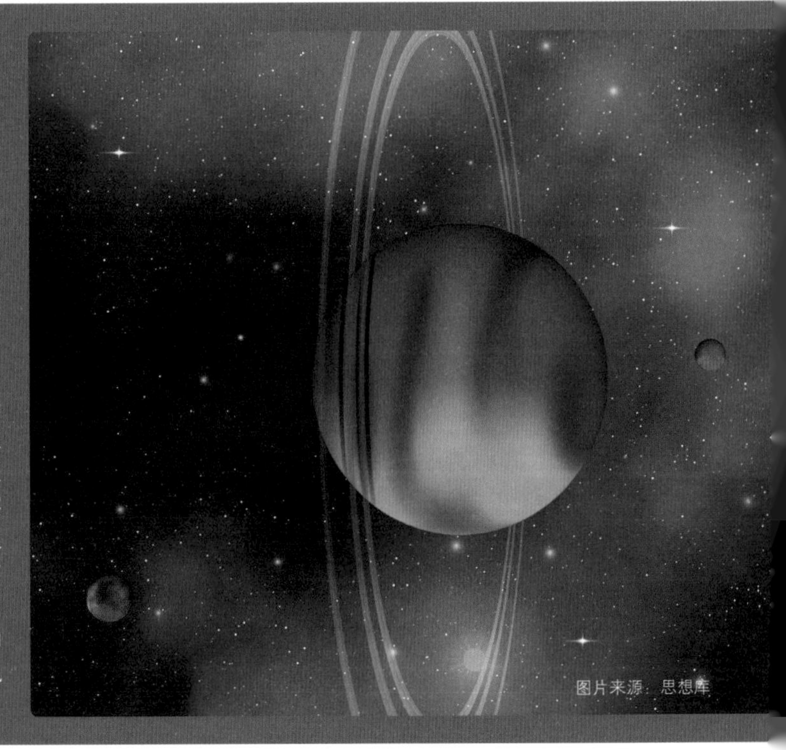
图片来源：思想库

2 木星的卫星木卫一有高耸的火山在喷发

对于我们这些习惯了地球相对不活跃的卫星的人来说，木卫一恐怖的景观可能会让我们大吃一惊。这颗木星的卫星有数百座火山，被认为是太阳系中最活跃的卫星，喷出的火山气流可高达 400 千米。一些航天器曾经捕捉到了木卫一的火山喷发：前往冥王星的新视野号宇宙飞船在 2007 年经过它时捕捉到了火山喷发的画面。

木卫一的火山喷发，源于其受到的巨大引力，它正好坐落在木星的引力井中。随着木卫一在公转过程中离木星越来越近或越来越远，它的内部会随之收紧和放松，为火山活动积蓄足够的能量。然而，科学家们还不清楚热量是如何在木卫一内部传递的，因此用科学模型来预测火山的位置相当困难。

图片来源：盖蒂图片社

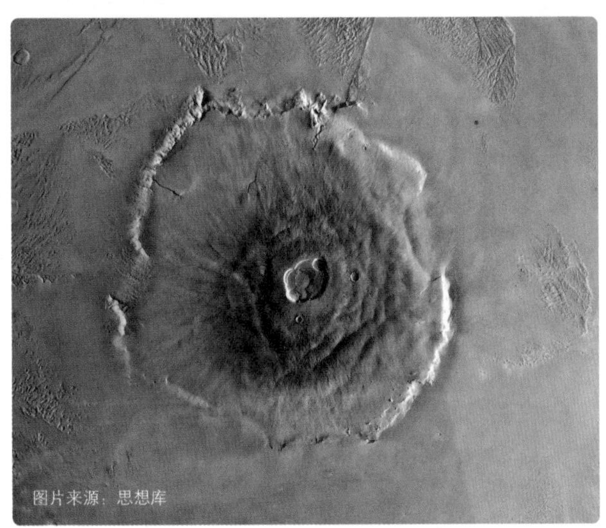

图片来源：思想库

3 火星上还有最长的谷地

你可能认为美国科罗拉多大峡谷很大，但它与水手谷相比就不值一提了。这个巨大的火星峡谷系统长达 4000 千米，是科罗拉多大峡谷的 10 倍多。水手谷并没有为早期的火星探测器所注意（它们从火星的其他部分飞过去了），最终在 1971 年被执行火星测绘任务的水手 9 号发现。多么容易错过的景观啊——水手谷和美国一样长！

火星上的板块构造并不活跃，因此很难弄清楚峡谷是如何形成的。一些科学家甚至认为，是火星另一侧的称之为塔尔西斯山脊（Tharsis Ridge）的火山链，不知怎么地把火星另一侧的地壳弄弯了。

4 火星上有（我们已知的）最大的火山

虽然火星现在看起来很安静，但我们知道，在过去，某种东西导致了火星上巨型火山的形成和喷发。其中包括奥林匹斯山，这是太阳系中迄今为止发现的最大的火山。这座火山直径 602 千米，相当于美国亚利桑那州的大小。它有 25 千米高，是珠穆朗玛峰的三倍。

火星上的火山可以长到如此巨大的规模，是因为火星上的引力比地球上弱得多。但这些火山最初是如何形成的还不得而知。关于火星是否有一个全球性的板块构造系统以及它是否活跃，科学家们争论不休。

5 金星上有超强风

金星表面的环境高温高压，是一颗地狱般的行星。20 世纪 70 年代，苏联的十艘受到严密防护的金星探测器在金星表面着陆，但只停留了几分钟。而且这颗行星表面上方的环境也很奇怪。科学家们发现，其上层风的流动速度是它自转速度的 50 倍。欧洲金星快车号飞船（2006 年至 2014 年间环绕金星运行）长时间追踪金星上层的风，并发现了周期性变化。金星快车号还发现，随着时间的推移，金星上层已达到飓风强度的风似乎还在变得越来越强。

6 到处都有水和冰

水和冰曾被认为是太空中的罕见物质，但现在我们知道，我们以前只是没在正确的地方寻找它。事实上，水和冰存在于整个太阳系。

例如，冰是彗星和小行星的常见成分。但我们知道并非所有的冰都一样。欧洲航天局的罗塞塔号飞船对丘留莫夫－格拉西缅科彗星（简称67P）进行了近距离观察，发现了一种水和冰，与地球上发现的不同。

事实上，我们在整个太阳系都发现了水和冰。水星和月球上永久阴影的陨石坑中就存在水和冰，尽管我们不知道这些地方的冰是否多到可以支撑生物群落的生存。

火星的两极也有冰，处于霜冻状态，很可能在表面土壤之下。太阳系中更小的天体——木星的卫星木卫二、土星的卫星土卫二、小行星谷神星等等——也有冰。

图片来源：美国宇航局 / 加州理工学院喷气推进实验室 / 加利福尼亚大学洛杉矶分校（UCLA）/ 马克斯·普朗克太阳系研究所（MPS）/ 德国宇航中心（DLR）/ 国际暗天协会（IDA）

图片来源：盖蒂图片社

7 太阳系的某个地方可能存在生命

到目前为止，科学家们还没有发现太阳系中地球以外的其他地方存在生命的证据。但随着我们对生活在水下火山口或冰冻环境中的“极端”微生物了解得越来越多，其他星球上存在这些微生物的可能性也越来越大。并非人们曾经担心的生活在火星上的外星人，但太阳系中是有可能存在微生物生命的。

人们现在认为火星上很可能存在微生物，因此科学家们在将航天器送往火星之前，采取了特殊的预防措施对其进行消毒。不过，火星并不是唯一可能存在微生物的地方，还有几颗散布在太阳系中的冰冷卫星。木星的木卫二的海洋中，或者土星的土卫二的冰下，或者太阳系的其他地方，都可能有微生物。

图片来源：美国宇航局 / 加州理工学院喷气推进实验室 / 地外文明搜索研究所（SETI Institute）

8 探测器已经访遍了太阳系的每一颗行星

我们探索太空已经有60多年了，很幸运地拍到了几十个天体的特写照片。最值得注意的是，我们已经向太阳系的所有行星——水星、金星、地球、火星、木星、土星、天王星和海王星——以及矮行星冥王星和小行星谷神星，发射了探测器。

大部分的掠影照片来自于美国宇航局的旅行者号姊妹探测器，它们于1977年离开地球，至今仍在太阳系外的星际空间向地球传输数据。在离开太阳系之前，旅行者号记录了对木星、土星、天王星和海王星的访问，这要归功于外层行星一次恰到好处的位置排列。

9 太阳系中到处都存在环

虽然自 17 世纪望远镜发明以来，我们就已经知道了土星环的存在，但直到过去 50 年里，宇宙探测器和更高能的望远镜才揭开了更多的面纱。我们现在知道外太阳系的每一颗行星——木星、土星、天王星和海王星——都有环系统。不过，不同行星之间的环是截然不同的。土星壮观的环可能是源于一颗被撞碎的卫星，对于其他行星而言未必如此。

也不只是行星才有环。2014 年，天文学家在小行星“女凯龙星”（Chariklo）周围发现了环。为什么这样小的天体会有环仍是一个谜，但有一种假设理论提出是一颗破碎的小卫星制造了环的碎片。

图片来源：美国宇航局 / 喷气推进实验室 / 美国地质勘探局（USGS）

10 冥王星上有山

冥王星是太阳系边缘的一个小世界，所以一开始人们认为这颗矮行星的环境应该是相当均匀的。2015 年，美国宇航局的新视野号宇宙飞船飞过冥王星，发回的照片彻底改变了我们对冥王星的看法。

那些令人震惊的发现包括：冥王星上有高达 3300 米的冰山，这表明冥王星至少在 1 亿年前一定有地质活动。但地质活动需要能量，而冥王星的能量来源是一个谜。太阳离冥王星太远，无法提供足够的热量让其进行地质活动，而且冥王星附近也没有大型行星可以通过引力造成这样的破坏。

11 水星仍在收缩变小

多年来，科学家们一直认为地球是太阳系中唯一一个构造活跃的行星。在“水星表面、空间环境、地质化学和测距”（首字母简称为“信使号”）探测器首次在水星轨道上执行任务、绘制了整个水星的高清地图，并观察了水星表面的特征之后，这一认知发生了变化。

2016 年，来自信使号的数据（它已于 2015 年 4 月按计划坠入水星）揭示了水星上被称为断裂带的悬崖状地貌。由于断裂带陡坡相对较小，科学家们确信它们形成的时间不是太久，而且这颗行星在太阳系形成 45 亿年之后仍在收缩。

图片来源：美国宇航局戈达德太空飞行中心

图片来源：美国宇航局 / 约翰·霍普金斯大学应用物理实验室（Johns Hopkins University Applied Physics Laboratory）/ 西南研究院

12 冥王星有着怪异的大气层

人类观测到的冥王星大气层推翻了此前所有的预测。科学家发现，雾气延伸至冥王星 1600 千米的高空，比地球大气层的高度还要高。利用新视野号传回的数据，科学家们对雾气进行了分析，并发现了一些惊喜。

科学家们发现冥王星的大气层可以分为大约 20 层，它们比预期的更冷，也更致密。这影响了科学家计算冥王星的富氮大气向太空流失的速度。美国宇航局的新视野号团队发现，每小时都有大量的氮气从这颗矮行星上逸出，但不知怎的，冥王星能够不断地补充失去的氮。这颗矮行星很可能通过地质活动产生了更多的氮气。

13 大多数彗星都是用太阳望远镜发现的

彗星曾经是业余天文学家的领地，他们用望远镜夜以继日地搜寻天空。虽然一些专业的天文台在观察彗星时也有所发现，但随着1995年太阳和日光层天文台（SOHO）的发射，这种情况才真正开始改变。

从那时起，该航天器已经发现了2400多颗彗星，考虑到它的主要任务是观察太阳，这一成果是很不可思议的。这些彗星被戏称为“掠日彗星”，因为它们离太阳很近。许多业余爱好者仍在通过从SOHO传回的原始图像中找出彗星来参与其中。SOHO最著名的观测之一是2013年观测到明亮的艾森彗星（ISON彗星）的分裂。

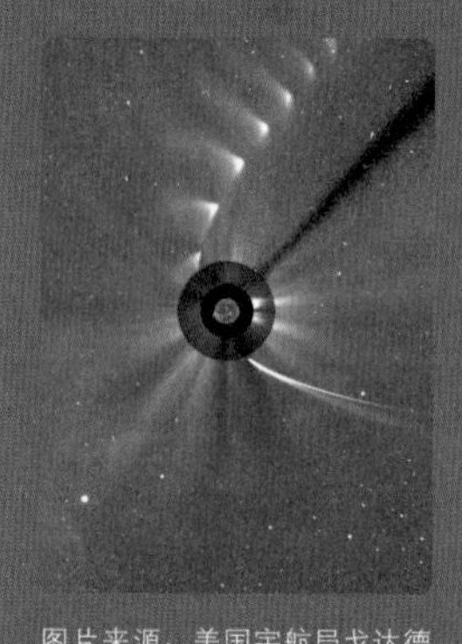

图片来源：美国宇航局戈达德太空飞行中心

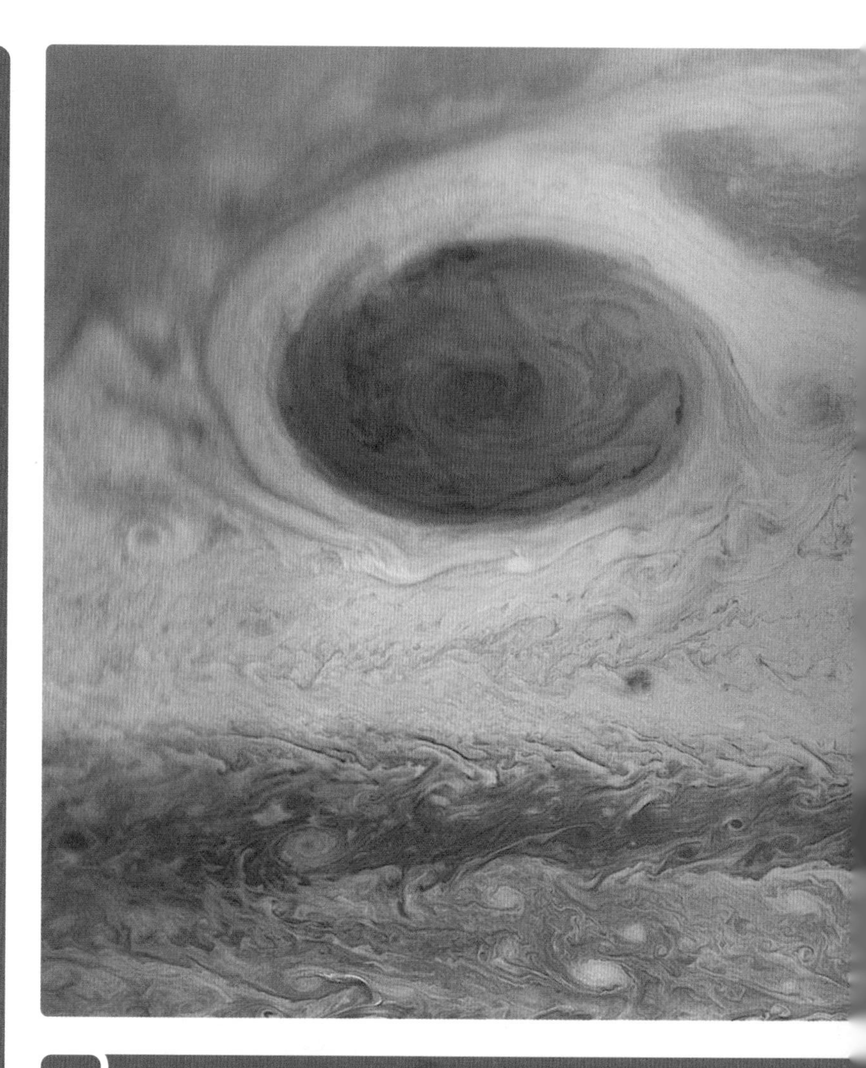

14 木星的重元素（按比例）比太阳还多

太阳和各大行星很可能是由同一团氢气和氦气形成的。木星尤其如此，这颗行星的体积是地球的317倍，它吸走的气体也比地球多得多。如果是这样的话，为什么木星所含的重的岩石元素比太阳还多呢？

其中一个主要理论是，木星的大气层被彗星、小行星和其他小型岩石天体“丰富”了，它们被木星强大的引力场吸引进来。由于技术的进步，在过去的十年里，人们已经看到过几个小天体落入木星。

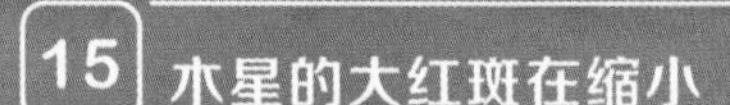

15 木星的大红斑在缩小

木星不仅是太阳系最大的行星，还拥有太阳系最大的风暴。这个风暴被称为“大红斑”（因为它又大又红），自17世纪以来就被望远镜观测到了。没有人确切地知道为什么这个风暴肆虐了几个世纪，但最近几十年又出现了另一个谜团：红斑越来越小了。

2014年，这个风暴的直径只有16500千米，大约是历史测量数据的一半。专业望远镜和业余爱好者都在监测它的收缩，因为望远镜和计算机技术使得人们能以可负担的成本拍摄高分辨率照片。业余爱好者通常能够对木星进行更连续的测量，因为更大的专业望远镜的观测时间是有限的，而且专业望远镜的视野经常分散在不同的天体上。

16 海王星辐射出的热量比它从太阳那里得到的还要多

海王星离地球很远，你可以打赌，科学家们很愿意在不久的将来派一艘宇宙飞船去那里。也许今天的技术可以更好地回答海王星的一些谜团，比如为什么这颗蓝色星球释放的热量比接收的要多。这很奇怪，因为海王星离太阳很远（对它来说太阳很暗淡）。

科学家们很想知道这背后的原因，因为人们相信巨大的温差会影响这颗行星上的天气过程。美国宇航局估计这颗行星的热源和云顶之间的温差达到160摄氏度。

17 太阳系边缘可能还有一颗巨大的行星

2015年1月，加州理工学院的天文学家康斯坦丁·巴蒂金和迈克·布朗根据数学计算和模拟结果宣布，海王星外侧可能存在一颗巨大的行星。现在有几个团队正在寻找这颗理论上的“第九行星”，可能需要几十年才能找到它（如果它真的存在的话）。

这个巨大的天体，如果存在的话，会有助于解释柯伊伯带中一些天体的运动，柯伊伯带是海王星轨道外侧的一个冰冷的天体群。布朗已经在该区域发现了几个大型天体，其中一些的大小与冥王星相当，甚至超过了冥王星（他的发现是2006年冥王星从行星变成矮行星的催化剂之一）。

18 地球的范艾伦辐射带比我们想象的还要奇怪

地球周围有辐射带，被称为范艾伦辐射带（以发现这种现象的科学家命名）。虽然我们从太空时代开始就知道这些辐射带的存在，但范艾伦探测器（于2012年发射）为我们提供了有史以来最好的景象。这几年来它们发现了不少惊喜。

我们现在知道，辐射带会随着太阳的活动变化而膨胀和收缩。有时这些辐射带非常明显，有时它们膨胀成一根巨大的带。2013年人们又发现了一条辐射带（在已知的两条辐射带外侧）。了解这些辐射带有助于科学家更好地预测太空天气和太阳风暴。

图片来源：美国宇航局戈达德太空飞行中心

19 土卫六存在液体循环但肯定不是水

土星系统中又一颗奇怪的卫星是土卫六，它的大气层和表面之间存在一个液体“循环”。这听起来很像地球，但一看到它的环境你就知道不是了。它有充满甲烷和乙烷的湖泊，这会让人联想起生命出现之前地球上发生的化学反应。

土卫六上也有富氮化合物，称为托林（tholin），这使得它呈现出独特的橙色。土卫六的大气层非常厚，探测器需要用雷达才能穿透大气层“看到”土卫六的表面。

20 天王星有一颗饱受摧残的卫星

太阳系外层最奇怪的卫星之一是天卫五米兰达，不幸的是，我们只在 1986 年旅行者 2 号经过时看到过它一次。天王星的这颗卫星表面上有着奇怪的特征，有清晰的边界将山脊、陨石坑和其他东西分开。这颗卫星有可能发生过构造活动，但一个直径只有 500 千米的天体上如何发生构造活动，这是一个谜。

科学家们还不确定这看着像是打了补丁的表面是如何形成的，可能要在另一个探测器到达那里之后才能确定。也许是这颗卫星被撞成了碎片，然后再次合并，或者是陨石撞击了这颗卫星表面，造成了它在小范围内的暂时的融化。

21 土星有一颗双色卫星

土星的卫星土卫八就像一幅明暗素描，它的一个半球非常暗，另一个半球则非常亮。它不同于太阳系中的其他任何天体，由此也引发了人们对背后真相的猜测。

一些科学家认为可能是土卫九菲比（另一颗较暗的卫星）的粒子落在了它的表面。另一些科学家则推测，这是由于火山喷发出的碳氢化合物形成了暗色斑块。卡西尼号 2007 年飞掠土卫八，传回的数据引导人们提出了第三种理论，即热分离理论。土卫八大约每 79 天才完成一次自转，这样缓慢的旋转意味着温度变化周期很长，这可能会迫使冰冷的物质随着暗物质的升温而移动到更冷的地区。①

① 温度周期长时，较暗的物质能够吸收太阳的热量并升温（暗物质会比明亮的冰物质吸收更多的热量），这种加热将导致较暗物质中任何挥发性的物质持续升华，并跑到土卫八另一半明亮、寒冷的区域。——译者注

22 土星上有一个六边形的风暴

土星的北半球有一个六面风暴在肆虐，绰号“六边形”。它究竟为什么是那种形状还是个谜。但我们知道的是，这个与飓风有几个共同特征的六边形至少已经存在了几十年——也可能有几百年。

2012年土星北半球的光照条件开始改善，当时土星正在接近北半球夏至。卡西尼号将继续观测这一特征，直到2017年任务结束，此时土星北半球将真正进入夏至。

图片来源：美国宇航局/加州理工学院喷气推进实验室/太空科学研究所/汉普顿大学（Hampton University）

23 太阳的大气层比太阳表面还烫

太阳的可见表层——光球层——温度高达5500摄氏度，而它的上层大气温度高达数百万度。很难解释这巨大的温差。不过，美国宇航局已经派了几艘太阳观测航天器来研究这个问题，他们对太阳大气层的热量是如何产生的有了一些想法。其中一个观点是“热量炸弹”，当磁场在日冕中发生交叉和重新排列时就会发生这种情况。另一个观点是，等离子体波从太阳表面进入日冕，导致了巨大的温差。

随着帕克太阳探测器（2021年成为第一个接触太阳的人造物体[①]）不断传来数据，我们比以往任何时候都更接近太阳系核心的真相。

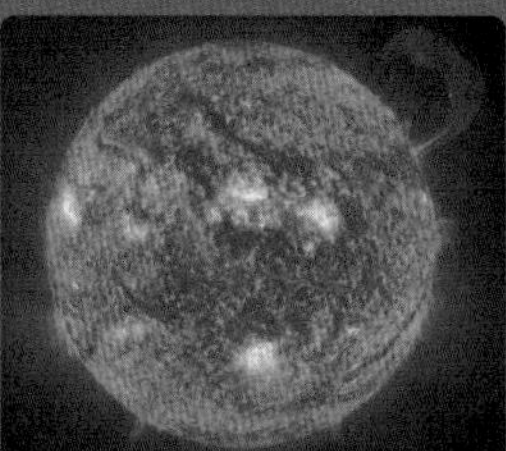
图片来源：欧洲航天局/美国宇航局/太阳和日光层天文台

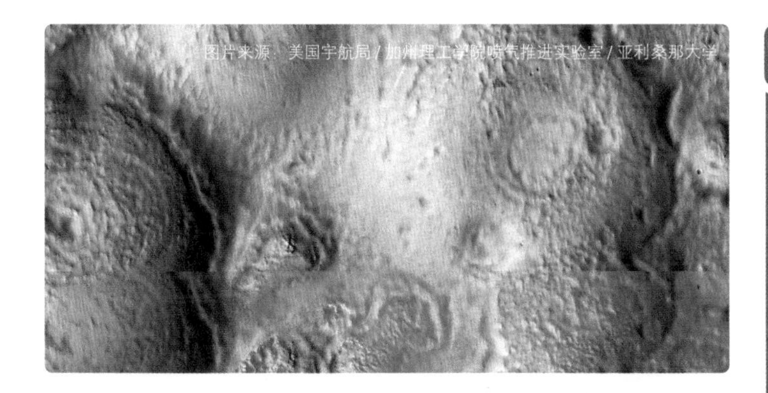
图片来源：美国宇航局/加州理工学院喷气推进实验室/亚利桑那大学

24 火星大气中的甲烷含量在不断变化

甲烷是一种由生命（如微生物）或自然过程（如火山活动）产生的物质。但为什么它在火星上波动如此之大还是个谜。各种望远镜和太空探测器多年来在火星上发现的甲烷水平差异较大，这使得人们很难确定这种物质的来源。目前还不清楚火星上甲烷含量的不同是由于望远镜的差异，还是来自火星表面的甲烷本身量的差异造成的。

美国宇航局的好奇号探测器甚至探测到在火星的某一年出现的甲烷峰值在第二年并没有重复，这表明它所检测到的情况不是季节性的。很可能需要对火星进行一系列更长期的观测才能完全解开这个谜团。

25 有机物在太阳系中很常见

有机物是存在于生命过程和非生命过程中的分子。虽然它们在地球上很常见，但有趣的是，它们在太阳系的许多地方也存在。例如，科学家在67P彗星表面发现了有机物，这支持了地球表面的有机物可能是由小天体带到地球上来的说法。

在水星、土星的卫星土卫六（呈现为橙色）和火星的表面也发现了有机物。可以说有机物在太阳系中很常见。

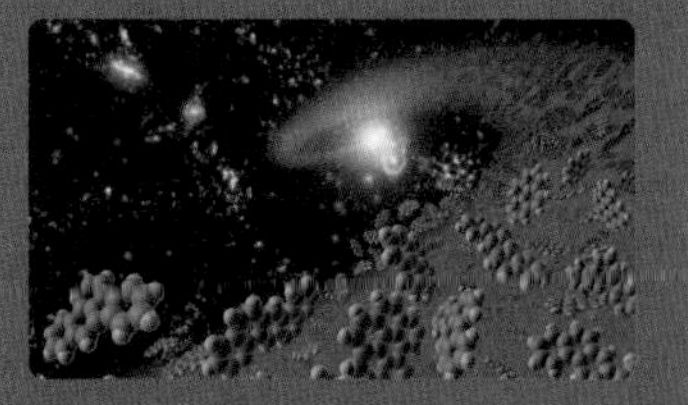
图片来源：美国宇航局/加州理工学院喷气推进实验室

① 该探测器直接飞入太阳外层大气层日冕所在轨道上，距离太阳表面仅650万千米。——译者注

宇宙现象

图片来源：美国宇航局

图片来源：欧洲航天局/ATG 媒体实验室；欧洲南方天文台/S. 布鲁尼（S.Brunie）

86
90
92

银河系有多重？

我们银河系的重量相当于1.5万亿颗太阳

■ 撰文：麦克·沃尔（Mike Wall）

图片来源：欧洲航天局/ATG媒体实验室；欧洲南方天文台/S. 布鲁尼

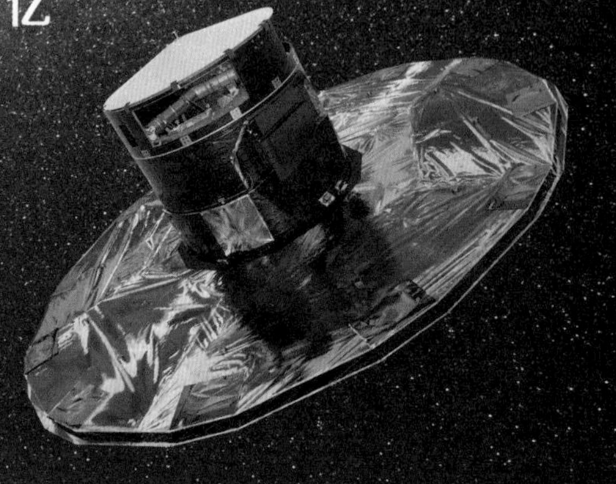

欧洲航天局的盖亚探测器（如图所示）与哈勃太空望远镜合作进行了这项研究。

“暗物质约占了银河系质量的85%”

我们可能终于知道银河系有多重了。对银河系质量的估计差异很大，从约5000亿到3万亿倍太阳质量不等。这个数字很难确定，因为暗物质约占了银河系质量的85%——暗物质是一种既不吸收也不发射光的神秘物质（也因此得名）。

“我们无法直接探测到暗物质，”德国加兴欧洲南方天文台（European Southern Observatory in Garching, Germany）的劳拉·沃特金斯（Laura Watkins）在一份声明中解释道，“这就是目前银河系质量不确定的原因——你无法准确测量你看不见的东西！”

因此，沃特金斯和她的同事们想出了一个变通办法，并在一项新研究中报告了这一方法。他们通过测量球状星团的速度来反推银河系的质量，球状星团是围绕我们熟悉的银河系螺旋盘旋转的星团（但仍然是银河系的一部分）。

“星系质量越大，其星团在星系引力作用下运动得越快。”该研究报告的合著者、英国剑桥大学的N. 温·埃文斯（N. Wyn Evans）在同一份声明中说。

“以前的大多数测量已经发现了星团接近或远离地球的速度——也就是我们视线方向的速度，”埃文斯补充说，“然而，我们也能够测量星团的横向运动，从中可以计算出总速度，从而计算出星系的质量。”

算出的数字是1.5万亿颗太阳质量（具体来说，计算的是在距离银河系中心12.9万光年范围内的质量）。这几乎就在之前的研究划定范围的中间。

该团队依靠两种最强大的天文工具进行观测——美国宇航局的哈勃太空望远镜和欧洲航天局的盖亚探测器。盖亚探测器于2013年12月发射升空，能够精确测量数亿个天体的位置和运动，帮助研究人员绘制出了迄今为止最详细的银河系3D地图。

这个团队研究了46个球状星团的运动，其中34个由盖亚观测，12个由哈勃测量。研究人员说，这些恒星团中最遥远的距离地球约12.9万光年——为便于理解：银河系的圆盘直径约10万光年。

图片来源：欧洲航天局/美国宇航局哈勃太空望远镜，L. 卡尔萨达（L.Calçada）

计算机生成的银河系模型，被球状星团（本研究所观测）晕包围。

银河系的艺术概念图。

黑洞的第一张照片

黑洞终于被揭开神秘的面纱，呈现在人类眼前

■ 撰文：麦克·沃尔

有史以来第一次，人类拍摄到了这些难以捉摸的宇宙“怪兽”之一，照亮了一个长期以来超出我们认知的奇异时空领域。

2019 年 4 月 10 日，哈佛大学和哈佛－史密森尼天体物理中心的谢泼德·杜勒曼（Sheperd Doeleman）在华盛顿特区国家新闻俱乐部举行的新闻发布会上说：“我们已经看到了我们认为不可见的东西。”杜勒曼负责事件视界望远镜（EHT）项目，该项目捕捉到了这张史诗般的图像。这四张照片在世界各地的新闻发布会上和一系列已发表的论文中公布，勾勒出了潜伏在椭圆星系 M87 中心的黑洞的轮廓。这些图像本身就足以令人兴奋，但研究人员表示，更重要的是，新结果可能会开辟出一条道路。

黑洞合并会产生引力波，2016 年激光干涉引力波天文台实验首次探测到了引力波。

图片来源：盖蒂图片社

2019 年 3 月，在得克萨斯州奥斯汀举行的“西南偏南”多元创新大会和艺术节上，哈佛大学物理学和科学史教授彼得·加里森（Peter Galison）在关于事件视界望远镜的演讲中说：“真的有一个等待探索的新领域，而这正是最令人兴奋的地方。”加里森是哈佛大学跨学科黑洞计划（BHI）的联合创始人，他认为这些图像的潜在影响可与英国科学家罗伯特·胡克（Robert Hooke）在 17 世纪的绘图相提并论。胡克的图向人们展示了显微镜下昆虫和植物的样子。“它打开了一个新世界。”加里森这样评价胡克的作品。

遍布全球的望远镜

事件视界望远镜项目是一个由 200 多名科学家组成的合作组织，已经开展了大约 20 年的工作。这是一项真正的国际合作，多年来的资金来自美国国家科学基金会和世界各国的其他许多组织。

这个雄心勃勃的项目，就像 1997 年那部恐怖科幻电影[①]一样，得名于黑洞著名的不归点——一旦过了这个边界，任何东西，甚至光，都无法逃脱这种巨大天体的引力控制。

“事件视界是最终的监狱墙，”跨学科黑洞计划的创始人、哈佛大学天文学系主任阿维·勒布告诉太空网（勒布不是事件视界项目团队的一员），“一旦你进去了，就再也出不来了。”

因此，拍摄黑洞内部是不可能的，除非你能自己设法进入黑洞（当然，你和你的照片不可能再回到外面的世界）。所以，事件视界项目只能将黑洞边界成像，绘制出黑洞的黑暗轮廓。快速移动的气体盘绕着黑洞旋转并进入黑洞，释放出大量辐射，所以这样的轮廓非常突出。

① 指美国电影《黑洞表面》（英文名 *Event Horizon*，与项目同名）。——译者注

“我们正在寻找光子损失。”事件视界科学委员会成员、亚利桑那大学天文学副教授达恩·马罗内（Dan Marrone）告诉太空网。

该项目一直在仔细观察两个黑洞，巨兽M87——其质量约为太阳的65亿倍，以及我们银河系的中心黑洞——人马座A*。后者虽然也是一个超大质量黑洞，但与M87相比微不足道，其质量仅为太阳的430万倍。

这两个黑洞都是非常棘手的目标，因为它们离地球很远。人马座A*距离我们大约2.6万光年，而M87的黑洞距离我们5350万光年。

从我们的角度来看，人马座A*的事件视界（黑洞外层边界）“非常小，小到就像在地球上看月球表面的一个橙子，或者坐在纽约读在洛杉矶的报纸”，杜勒曼在“西南偏南”活动上说。

地球上没有一架望远镜可以做到这一点，所以杜勒曼和事件视界团队的其他成员必须发挥创造性。研究人员将亚利桑那州、西班牙、墨西哥、南极洲和世界其他地方的望远镜连接起来，形成了一个遍布全球的虚拟仪器。

数据浩如烟海

到目前为止，事件视界团队已经使用这个超大望远镜对这两个超大质量黑洞进行了为期两周的研究——一次是在2017年4月，另一次是在2018年。这次的新图像来自第一次观测。

这个项目花了两年时间才得出第一个结果，这是有充分理由的。首先，每晚的观测都会产生大约1拍字节的数据，这使得研究团队不得不以传统的方式将信息从一个地方转移到另一个地方。

“我们没办法通过互联网传输这些数据，”事件视界项目科学家、亚利桑那大学天文学教授迪米特里奥斯·帕萨尔蒂斯（Dimitrios Psaltis）在“西南偏南”活动上说，“所以，我们实际做的是，把我们的硬盘通过联邦快递从一个地方送到另一个地方。这比你能找到的任何电缆网线都快得多。”

当然，这减慢了分析速度，也让分析变得复杂。例如，来自南极附近的事件视界望远镜的数据直到2017年12月才从南极洲送出来，因为那时南极洲的温度才高到飞机可以通行，马罗内说。

关联和校准数据也很棘手，他补充说。鉴于这一发现的重大意义，该团队对这项工作非常谨慎。“如果你要提出一个关于黑洞成像的重要主张，你必须有充分的证据，非常有力的证据。”杜勒曼在“西南偏南”活动上说。

“在我们的项目中，我们经常认为爱因斯坦、亚瑟·爱丁顿（Arthur Eddington）和卡尔·史瓦西（Karl Schwarzschild）这些人在监督着我们，”

事件视界望远镜首次捕捉到超大质量黑洞的直接视觉证据。

图片来源：事件视界望远镜合作组织

他补充道，他提到的那些物理学家是我们认识黑洞的先驱，“当有杰出人物来检查你的作品时，你是真的想把它做好。”

这一切意味着什么

帕萨尔蒂斯说，事件视界项目主要有两个目标：第一次将事件视界成像，以及帮助确定爱因斯坦的广义相对论是否需要修改。

在爱因斯坦提出之前，引力通常被认为是一种神秘的远距离力。但广义相对论将其描述为时空的扭曲：像行星、恒星和黑洞这样的大质量物体会在时空中产生一种凹陷，就像把保龄球放在蹦床上一样。附近的物体会沿着这个凹陷的曲线向中心物体聚集。

广义相对论自问世的一个多世纪以来，一直是颠扑不破的真理，通过了科学家们提出的每一个测试。但事件视界的观测对广义相对论又进行了一次试验，而且是在一个预测可能与现实不符的极端领域。这是因为天文学家可以用广义相对论计算出视界的预期大小和形状，帕萨尔蒂斯解释说。

如果观测到的轮廓与理论模拟相符，“那么爱因斯坦 100% 是正确的，”帕萨尔蒂斯说，“如果答案是否定的，那么我们必须调整他的理论，以使其在实验中发挥作用。科学就是这样发展的。”我们在这次活动中了解到，至少在目前不需要调整：事件视界观测 M87 的结果与广义相对论是一致的，团队成员说。也就是说，事件视界几乎是圆形的，而且对于质量如此巨大的黑洞来说，它的大小也是“合适的”。

“它竟与我们所做的预测如此接近，我必须承认我有点震惊，”事件视界团队成员、滑铁卢大学和加拿大圆周理论物理研究所（Perimeter Institute for Theoretical Physics in Canada）的艾弗里·布罗德里克（Avery Broderick）在事件视界新闻发布会上说。

当然，这样的基础事实对科学进程至关重要。勒布说，事实上，更好地为理论和模拟提供信息可能是事件视界最大的贡献之一。

图片来源：思想库

人们认为所有大型星系的中心都有一个超大质量黑洞。

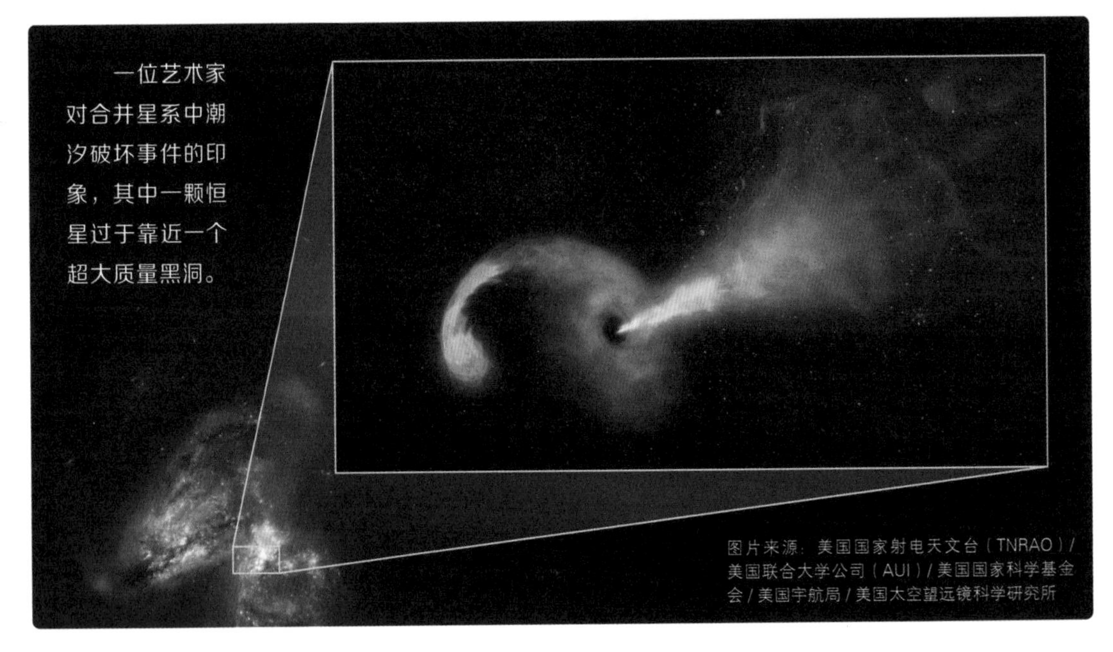

一位艺术家对合并星系中潮汐破坏事件的印象，其中一颗恒星过于靠近一个超大质量黑洞。

图片来源：美国国家射电天文台（TNRAO）/美国联合大学公司（AUI）/美国国家科学基金会/美国宇航局/美国太空望远镜科学研究所

黑洞的事件视界本质上是不归点。这个名字指的是视界之外的人不可能看到边界内发生的任何事件。

“研究物理就是与自然对话，”他说，“我们通过与实验进行比较来检验我们的想法，实验数据至关重要。”

新的结果也应该有助于科学家更好地了解黑洞，他和其他研究人员说。例如，事件视界图像可能会为气体如何螺旋式下降进入黑洞提供重要信息。这种吸积过程可能导致产生强大的辐射喷流，但人们对它知之甚少，勒布在新闻发布会上说。

此外，事件视界的形状可以揭示黑洞是否在旋转，美国宇航局黑洞研究核光谱望远镜阵列（NuSTAR）任务的首席研究员、加州理工学院的菲奥娜·哈里森（Fiona Harrison）说。

“我们已经间接地推断出了黑洞的旋转。”哈里森（不是事件视界团队的一员）告诉太空网。事件视界图像提供了“一个直接测试，这非常令人兴奋”，她补充说。

事件视界的数据显示 M87 黑洞是顺时针旋转的，研究团队的成员说。该项目还应该显示黑洞周围的物质的分布情况，事件视界观测最终将向天文学家提供大量信息，关于超大质量黑洞如何在长时间尺度上塑造其宿主星系的演化，哈里森告诉我们。

事件视界的结果也与激光干涉引力波天文台的结果完美吻合，该天文台已经探测到了由质量只有太阳几十倍的黑洞合并所产生的时空涟漪。

“尽管已知的黑洞在质量上有十亿倍的差异，但它们都符合同一个单一性描述，”布罗德里克在新闻发布会上说，“大黑洞和小黑洞在很多重要方面是相似的。我们从一种类型的黑洞中了解到的东西必然适用于另一种类型。”

如果你对人马座 A* 好奇：事件视界团队希望很快就能得到这个超大质量黑洞的图像，杜勒曼说。研究人员首先观察了 M87 的黑洞，它比人马座 A* 更容易观测，因为它在短时间尺度上的变化较小，他解释说。

新的视角？

然后，新发布的图像的更广泛的吸引力——我们这些不是天体物理学家的人如何看懂它。

这个领域的贡献意义重大，事件视界团队成员和非成员的科学家都如此表示。这些照片可能改变我们对自己以及我们在宇宙中的位置的看法，马罗内指出，他引用了 1968 年 12 月阿波罗 8 号宇航员比尔·安德斯（Bill Anders）拍摄的著名照片“地球升起”。这张照片让大众看到了我们星球的真实面貌——无限黑暗海洋中的一个孤独的生命前哨，它被广泛认为有助于推动环保运动。

看到真实的黑洞——或者至少是它的轮廓，“这是科幻小说里才会有的情节”，哈里森说，我们现在还只看到了这个雄心勃勃的项目的前几张照片，她补充说：“后面的照片只会越来越令人惊艳。”

你知道吗？

迄今为止，科学家发现的最大的超大质量黑洞的质量约为太阳的 170 亿倍

解剖黑洞

· **奇点**

在黑洞的正中心，物质坍缩成一个密度无限的区域，称为奇点。所有落入黑洞的物质和能量都在这里终结。人们认为广义相对论对无限密度的预测意味着量子力学的瓦解。

· **事件视界**

奇点半径范围内，在这里物质和能量无法逃离黑洞的引力，也就是不归点。这是黑洞的“黑”部分。

· **光子球面**

虽然黑洞本身是黑暗的，但附近的热等离子体或吸积盘（见下文）会发射出光子。在没有引力的情况下，这些光子会沿直线行进，但在黑洞的事件视界之外，引力强到足以歪曲它们的路径，因此我们会看到一个明亮的环围绕着一个大致呈圆形的黑暗“阴影”。

· **相对论性喷流（未显示）**

当黑洞以恒星、气体或尘埃为食时，这些食物会产生粒子和辐射的喷流，以接近光速的速度从黑洞的两极喷出。它们可以在太空中喷射数千光年。

· **最内层稳定轨道**

吸积盘的内缘是物质可以安全绕轨道运行而不会掉到不归点的最后一个地方。

· **吸积盘**

这是一个由过热气体和尘埃组成的圆盘，以极高的速度围绕黑洞旋转，产生电磁辐射（X射线、可见光、红外线和无线电波），揭示黑洞的位置。其中的一些物质注定要穿过事件视界，而其他部分可能会被迫产生喷流。

* 文本来源：欧洲南方天文台

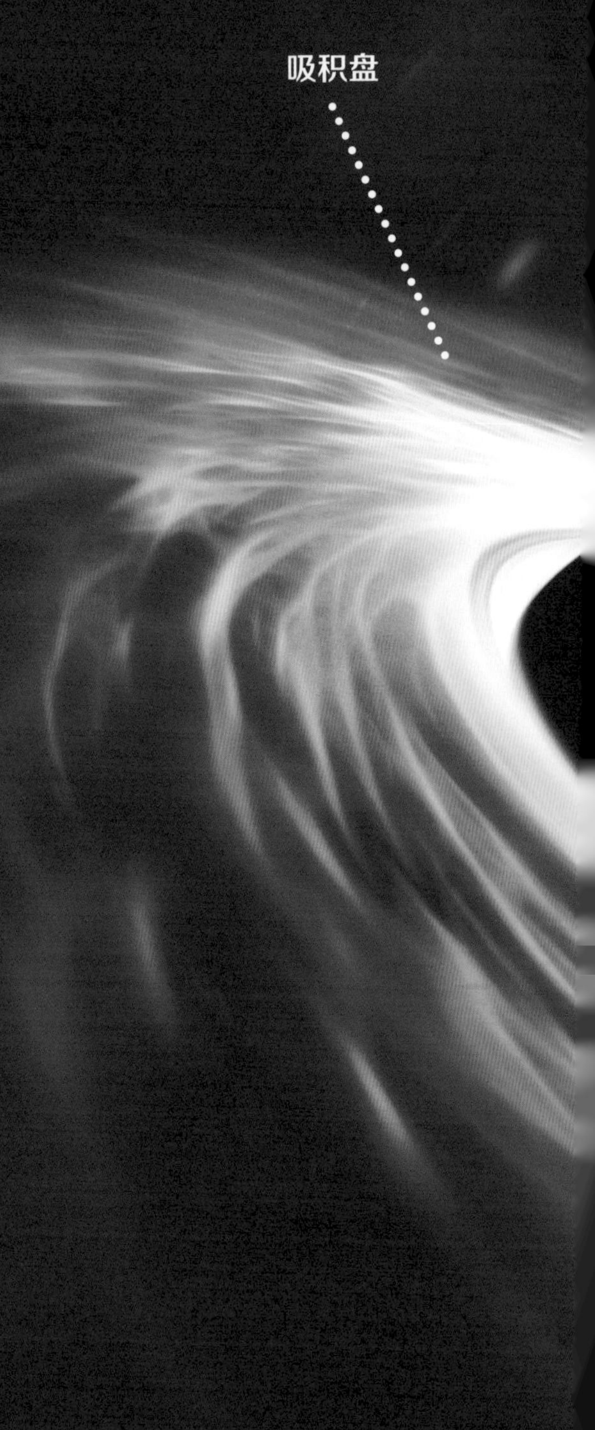

图片来源：欧洲航天局/哈勃太空望远镜，欧洲南方天文台，M. 科恩梅塞尔

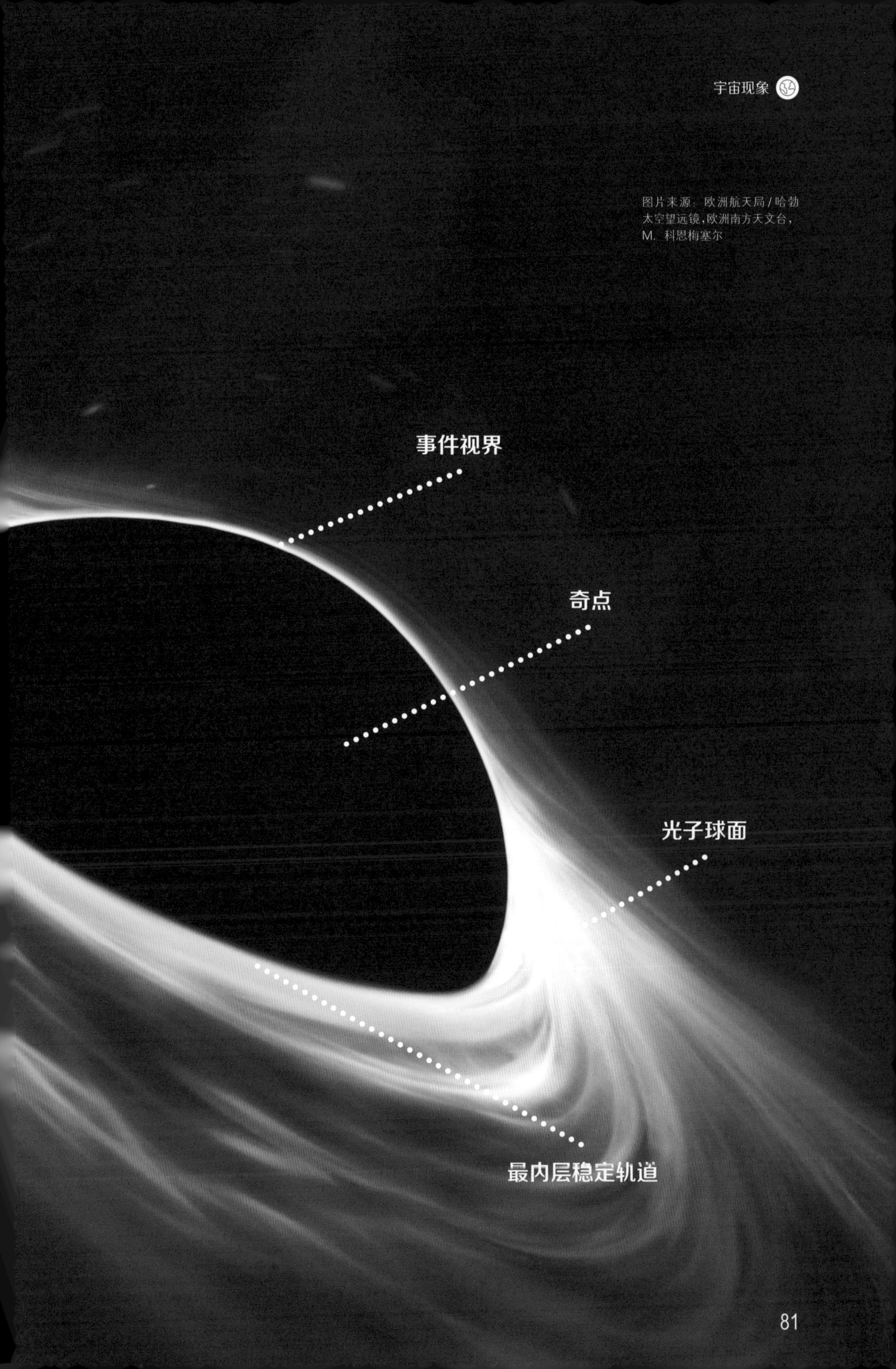

事件视界

奇点

光子球面

最内层稳定轨道

最亮的类星体

这些强大的“发电机”自半个世纪前被发现以来就一直吸引着天文学家

■ 撰文：萨拉·卢因（Sarah Lewin）

2019 年 1 月，科学家宣布发现了一个遥远星系的高能核心，打破了早期宇宙中最亮天体的纪录，它发出的光相当于 600 万亿颗太阳。

研究人员确认了这个天体——一个由黑洞驱动的物体，被称为类星体，它是宇宙中最亮的居民之一——因为它偶然与一个离地球较近的昏暗星系对齐，后者放大了它的光。

这颗类星体距离我们 128 亿光年远，它照射在一个正在形成的星系的中心，这个星系处于宇宙历史的早期阶段，被称为再电离时代，当时第一批恒星和星系开始在宇宙中燃烧掉中性氢形成的雾气。研究人员在 2019 年 1 月于西雅图举行的美国天文学会冬季会议上宣布了这一发现。

“这是我们长期以来一直在寻找的东西，”亚利桑那大学的研究员、这项新研究成果的第一作者樊晓辉在哈勃太空望远镜团队的一份声明中说，“我们不认为在整个可观测宇宙中还能找到比它更亮的类星体！”

几个强大的地面望远镜和哈勃太空望远镜汇集了它们对这个天体（现在被命名为 J043947.08+163415.7）的观测，以了解更多关于它的信息。根据声明，这颗类星体的亮度来自一个超大质量黑洞：黑洞周围的气体盘中的物质落入黑洞，导致许多不同波长的能量爆炸。根据

> “这颗类星体可能是在宇宙诞生不到 10 亿年的时候发出的光”

J043947.08+163415.7 的图像，这是迄今为止在早期宇宙中发现的最亮的类星体。

你知道吗?
"类星体"一词代表
"类恒星射电源",
于1964年首次使用
类星体艺术概念图。

新的观测，为这颗类星体提供能量的黑洞是太阳质量的几亿倍。

尽管这颗类星体亮度极高，但由于距离太远，如果不是幸运地定位到了，我们是看不见它的。研究人员在声明中说，通过一个被称为引力透镜的过程，来自类星体的光在它和地球之间的星系周围弯曲，放大了我们的视野：类星体看起来是它本身的3倍大、50倍亮。它之所以能被观测到，是因为中间的星系足够暗淡，不会淹没这颗超遥远类星体发出的光。

这颗类星体似乎每年也会产生1万颗恒星，获取更多关于它的信息，可以让研究人员更多地了解这个遥远但关键的历史时期——当时第一批恒星和星系点燃并塑造了我们今天所知道的宇宙。更多的望远镜也加入了搜寻行列，试图更多地了解这颗类星体。

"这是一个惊人的重大发现；几十年来，我们认为这种透镜类星体在早期宇宙中应该很常见，但现在这个是我们发现的第一个，"耶鲁大学研究员法比奥·帕库奇（Fabio Pacucci）在凯克天文台的一份声明中说（他是这项研究的参与者，也是一篇关于这颗类星体的后续论文的主要作者），"它为我们提供了如何搜寻'幽灵类星体'的线索，这些类星体是存在的，但还不能真正探测到。"

"我们的研究预测，我们可能会错过很大一部分'幽灵类星体'，"帕库奇补充道，"如果它们确实很多，这将彻底改变我们对宇宙大爆炸后发生的事情的看法，甚至改变我们对这些宇宙怪物如何大量增长的看法。"

伽马射线暴

宇宙中最强烈的爆炸非常奇怪

■ 撰文：麦克·沃尔

在伽马射线暴（GRB）发出的光中，存在着一种有序和混乱的奇怪组合，这种短暂而强烈的爆发与黑洞的形成有关。

2019 年 1 月发表的研究成果表明，伽马射线暴光子倾向于极化，也就是说，它们中的大多数都在同一方向上振荡。但是，令人惊讶的是，这个方向会随着时间而改变。

“结果表明，随着爆炸的发生，一些事情会导致光子以不同的偏振方向发射。”这项新研究的主要人员之一梅林·科尔（Merlin Kole）在一份声明中说。“这是怎么回事，我们真的不知道。”他补充说。

最强大的伽马射线暴是在大质量恒星变成极超新星（一种强型超新星），然后坍缩形成黑洞的时候释放出来的。这些黑洞沿其旋转轴发射出极速运动的物质。科学家们认为伽马射线暴辐射是在这些狭窄的相对论性喷流中产生的，但具体是如何发生的还不清楚。关于伽马射线暴光的更多信息可能会有所帮助——这也是这项新研究的目的。

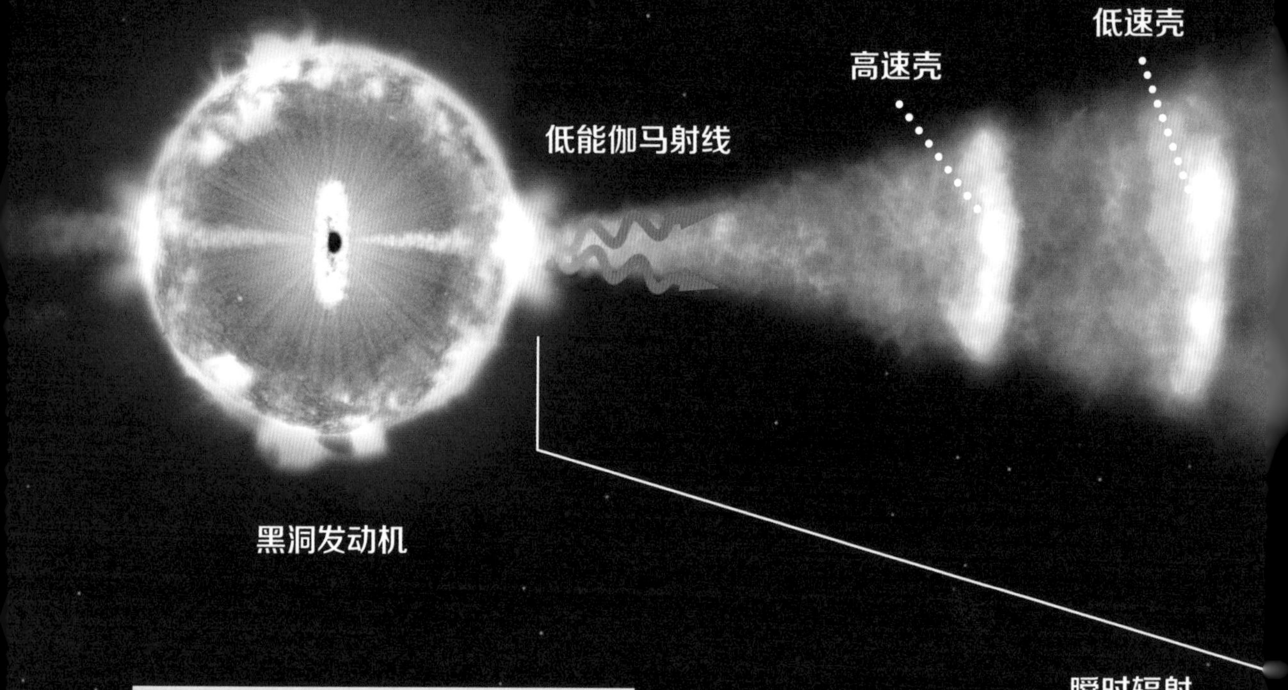

低速壳
高速壳
低能伽马射线
黑洞发动机
瞬时辐射

> “最强大的伽马射线暴是在大质量恒星变成极超新星，然后坍缩形成黑洞的时候释放出来的”

科尔和同事们分析了一台名为“伽马暴偏振探测仪”（POLAR）的仪器收集的数据，该仪器是由中国天宫二号空间实验室发射到地球轨道上的。顾名思义，这台仪器就是用来测量伽马射线暴的光极性的。

伽马暴偏振探测仪在其运行期间探测到了55次伽马射线暴。在这项新研究中，研究人员分析了其中5次最强大的爆发。他们特别深入地研究了一次9秒长的伽马射线暴，把它分成几个大约2秒长的“切”。正是这项工作揭示了惊人的极性转变。

“接下来我们希望建造更大、更精确的伽马暴偏振探测仪二号，”普罗迪特（Produit）说，“有了它，我们可以更深入地研究这些混沌过程，最终发现伽马射线的来源，揭开这些高能量物理过程的奥秘。”

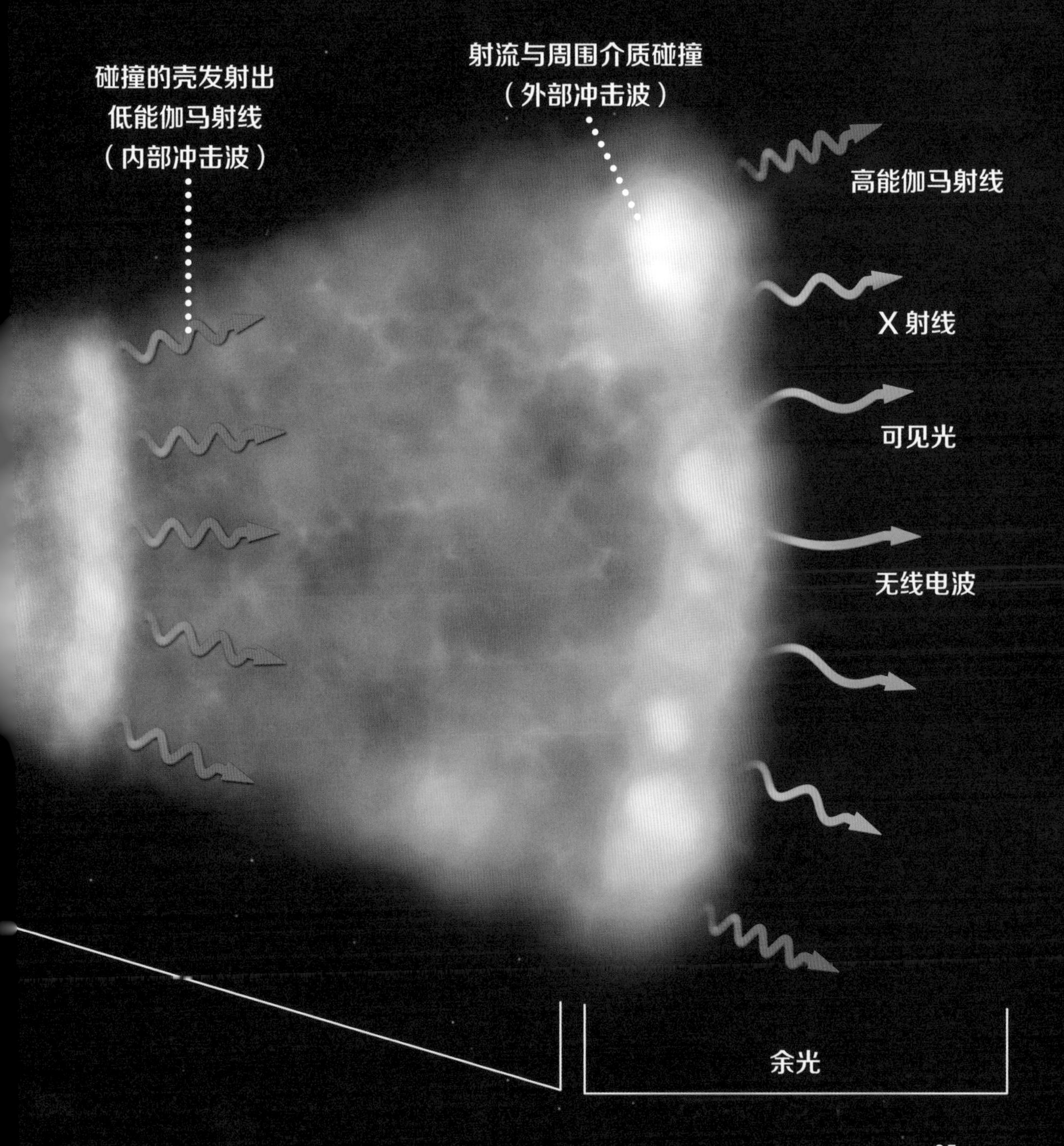

8 个令人困惑的天文学未解之谜

宇宙已经存在了大约 138 亿年，但它还有许多谜团，直到今天仍然困扰着天文学家

■ 撰文：太空网的员工

从暗能量到宇宙射线再到我们独一无二的太阳系，宇宙中从不缺少怪事。《科学》（*Science*）杂志总结了当今顶尖天文学家提出的一些最令人困惑的问题。以下是天文学中存在时间最久的 8 个谜团，排名不分先后。

1 什么是暗能量?

暗能量被认为是一种神秘的力量，它以越来越快的速度将宇宙拉开，天文学家用它来解释宇宙的加速膨胀。这种难以捉摸的力量尚未被直接探测到，但据估计，暗能量约占宇宙的 73%。

星系团阿贝尔 1689，紫色表示暗物质的分布。

图片来源：美国宇航局，欧洲航天局，E. 朱洛（E.Jullo）（喷气推进实验室 /LAM），P. 纳塔拉詹（P.Natarajan）（耶鲁大学）和 J-P. 克内布（J-P.Kneib）（LAM）

2 为什么太阳系如此奇怪?

天文学家已经在越来越多其他恒星周围发现了外行星，与此同时他们一直在试图搞清楚我们独特的太阳系是如何形成的。太阳系内部行星的差异并不容易解释，科学家们正在研究行星是如何形成的，希望能更好地掌握太阳系的独特特征。寻找外星世界可能会推动这项研究，特别是如果科学家们在对太阳系外行星系统的观察中发现某些模式的话。

太阳系对我们来说可能已经司空见惯，但与我们迄今为止发现的系外行星系统相比，它似乎很不寻常。

3 暗物质的热度如何？

暗物质是一种看不见的物质，据认为约占宇宙的23%。暗物质有质量，但看不见，所以科学家是根据它对普通物质施加的引力来推断它的存在的。研究人员仍对暗物质的特性感到好奇，比如它是否像许多理论预测的那样冰冷，或者比预测的更温暖。

图片来源：欧洲南方天文台/L. 卡尔卡达

艺术家绘制的银河系周围暗物质晕。

4 失踪的重子在哪里？

暗能量和暗物质加在一起占据了大约95%的宇宙，剩下的5%左右是普通物质。但是，研究人员困惑地发现，超过一半的普通物质不见了。这种缺失的物质被称为重子物质，它由质子和电子等粒子组成，这些粒子构成了宇宙可见物质的大部分质量。一些天体物理学家怀疑，在星系之间被称为温热星系间介质的物质中，也许能发现丢失的重子物质，但宇宙中丢失的重子仍然是一个激烈争论的话题。

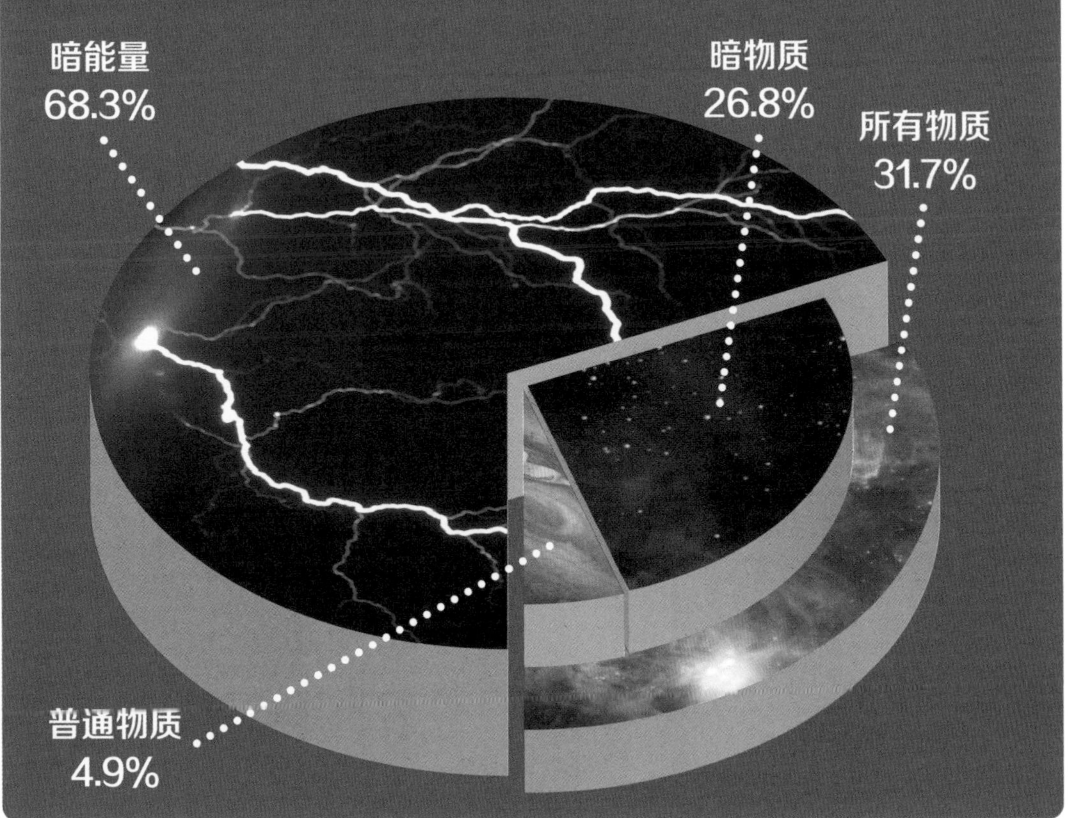

5 恒星是如何爆炸的?

当大质量恒星耗尽燃料时，它们会在巨大的爆炸中结束生命，这一阶段被称为超新星。这些壮观的爆炸非常明亮，可以短暂地盖过整个星系。广泛研究和现代技术已经揭示了关于超新星的许多细节，但这些大规模爆炸是如何发生的仍然是一个谜。科学家们渴望了解这些恒星爆炸的机制，包括在成为超新星之前恒星内部发生了什么。

图片来源：盖蒂图片社

美国阿贡国家实验室（Argonne National Laboratory）模拟的一颗核心坍缩超新星的渲染图。

图片来源：美国能源部（US Department of Energy）

一位艺术家对超新星事件的印象。

6 能量最高的宇宙射线从何而来？

宇宙射线是从外太空深处流入我们太阳系的高能粒子，但这些带电亚原子粒子的实际来源困扰了天文学家大约一个世纪。能量最高的宇宙射线异常强大，其能量比人造对撞机产生的粒子高一亿倍。多年来，天文学家一直试图解释宇宙射线在流入太阳系之前的起源，但这已被证明是一个悬而未解的天文学谜团。

图片来源：盖蒂图片社

宇宙射线是从太阳系外降落到地球上的原子碎片。

7 为什么日冕这样炙热？

太阳的日冕是其超热的外层大气，温度可以达到惊人的 600 万摄氏度。太阳物理学家一直困惑于太阳是怎么对日冕重新加热的，但研究指出了太阳可见表面下的能量与太阳磁场之间存在联系。但日冕加热背后的机制仍然未知。

图片来源：美国宇航局 / 戈达德太空飞行中心 / 太阳动力学天文台

太阳超热的日冕已经困扰了科学家们几十年。

8 是什么重新电离了宇宙？

被广泛接受的宇宙起源大爆炸模型表明，宇宙起源于大约 138 亿年前一个热而致密的点。早期的宇宙被认为是一个充满活力的地方，大约 130 亿年前，它经历了一个所谓的再电离时代。在此期间，宇宙中的氢气雾逐渐消散，宇宙在紫外线的作用下第一次变得半透明。长期以来，科学家们一直对这种再电离发生的原因感到困惑。

宇宙再电离过程中早期星系的艺术概念图。

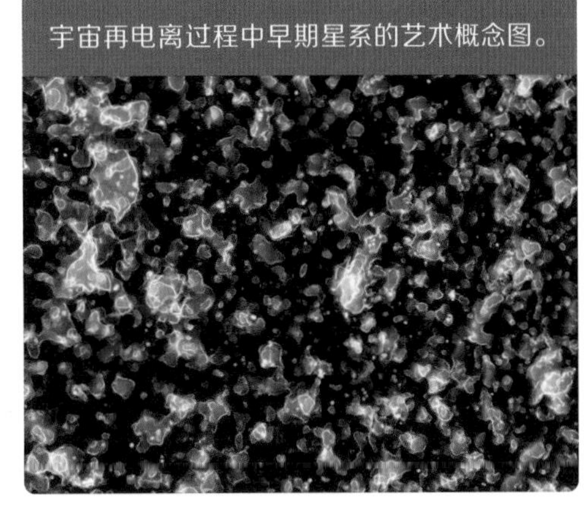

图片来源：M. 阿尔瓦雷兹（M. Alvarez），R. 克勒（R. Kaehler），T. 阿贝尔（T. Abel）/ 欧洲南方天文台

极光

极光是怎么形成的，在哪里能看到极光？

■ 撰文：太空网的员工

太阳系的中心是太阳，这颗黄色的恒星维持着地球上的生命。太阳磁场会随太阳自转扭曲成螺旋结构，也被称为帕克螺旋。当这些磁场交织在一起时，它们就会爆发，形成所谓的太阳黑子。通常，这些太阳黑子成对出现，最大的直径可能是地球的几倍。

随着太阳表面温度的上升和下降，太阳的等离子体沸腾和起泡。粒子从太阳表面的黑子区域逃逸，将等离子体粒子，也就是太阳风，喷射到太空中。这些风需要大约 40 个小时才能到达地球。这一过程发生时，就会出现被称为极光的壮观景象。

太阳黑子和周期

太阳黑子和太阳风暴产生了最壮观的极光，大约每 11 年发生一次。太阳活动周期在 2013 年达到顶峰，但这是一个世纪以来太阳活动最弱的一次。分析服务公司（Analytic Services）的罗恩·特纳（Ron Turner）是美国宇航局创新先进概念项目的高级科学顾问，他在一份声明中说："这次太阳活动周期仍然是有记录以来最弱的一次。"

自 1749 年开始记录太阳活动的涨落以来，已经有 22 个完整的周期。研究人员监测太空天气事件，是因为它们有可能影响轨道上的航天器，破坏地球上的电网和通信基础设施，并使南极光和北极光更强。科学家们也在研究太阳活动的波动如何影响地球上的天气。

粒子和极性吸引

地球不断受到来自太空的碎片、辐射和其他电磁波的轰击，据我们所知，这可能会威胁到我

图片来源：思想库

们已知的生命的未来。大多数时候，地球自身的磁场很好地使这些可能有害的射线和粒子偏转了，包括来自太阳的射线和粒子。太阳释放的粒子向地球行进了约 1.5 亿千米，然后被不可抗拒地吸引到地磁北极和南极。当这些粒子穿过地磁屏蔽时，它们与氧、氮和其他元素的原子和分子混合在一起，形成了横跨天空的耀眼光芒。

地球北半球的极光被称为北极光。它们在南半球的伙伴照亮了南极的天空，被称为南极光。

极光的颜色是怎么来的

极光最常见的颜色是粉色、绿色、黄色、蓝色、紫色，偶尔也有橙色和白色。通常，当粒子与氧气碰撞时，会产生黄色和绿色。粒子与氮气的相互作用会产生红色、紫色，偶尔也会产生蓝色。

碰撞的类型也会对天空中出现的颜色产生影响：氮原子导致出现蓝色，而氮分子则导致出现紫色。颜色也受海拔的影响。绿光通常出现在 241 千米高的地方；红光出现在 241 千米以上的地方；蓝光通常出现在 96.5 千米处；96.5 千米以上则出现紫色。

极光可能表现为静态的光带，或者，当太阳耀斑特别强烈时，会表现为一块颜色不断变化的舞动幕布。

何时何地能看到极光

观赏极光的最佳地点是阿拉斯加和加拿大北部，但要去这些广阔、开放的地区并不总是那么容易。挪威、瑞典和芬兰也提供了绝佳的观赏位置。在太阳耀斑特别活跃的时期，南至苏格兰北部，甚至英格兰北部，都能看到极光。在极少数情况下，更远的南方也能看到极光。

极光一直都有，但冬季通常是最佳观赏时间，因为光污染程度较低，空气清新。9 月、10 月、3 月和 4 月是观赏极光的最佳月份。据了解，在太阳黑子活动最活跃的两天内，极光会更亮、更活跃。一些机构，如美国宇航局、美国国家海洋和大气管理局，也在监测太阳活动，他们会在即将上演一场令人印象特别深刻的表演时发出极光警报。

地球磁场很快就会翻转吗？

地球的北磁极如此不正常，科学家们需要更新他们几年前才发布的全球磁场模型。这可能是磁极即将翻转的信号吗？

■ 撰文：伊丽莎白·豪厄尔

不断更新的世界磁场模型展现了地球磁场。磁极正不规律地从加拿大的北极向西伯利亚移动，这种移动非常不可预测，科学家们对此吃惊不已。2015 年更新的世界磁场模型的有效期应该是到 2020 年，科罗拉多大学博尔德分校和美国国家海洋和大气管理局国家环境信息中心的地磁学家阿诺·许利亚（Arnaud Chulliat）告诉《自然》杂志。

磁极在移动已经不是什么新闻了，伦敦和巴黎的长期记录（自 1580 年以来一直保持记录）表明，北磁极在数百年或更长时间内一直在围绕着自转中的北极不规律地移动，参与世界磁场模型更新的英国地质调查局的地球物理学家夏兰·贝根（Ciaran Beggan）告诉太空网。他引用了 1981 年《伦敦皇家学会哲学汇刊》（*Philosophical Transactions of the Royal Society of London*）上的一项研究报告。

但真正引人注意的是磁极的移动在加速。大约在 20 世纪 90 年代中期，磁极的移动突然加速，从每年 15 千米增加到每年 55 千米。

从去年开始，北极越过国际日期变更线，向东半球倾斜。这种运动的主要原因来自地核外层的液态铁，也被称为“地核场”。一些较小的因素也会影响其运动。

根据 2015 年的世界磁场模型报告，这些影响包括地壳和上地幔（特别是对局部磁场）中的磁性矿物，以及海水通过“环境磁场”产生的电流。“我们可以更新地磁场地图的原因之一是欧洲航天局在 2013 年发射了一组高精度的磁场卫星，”贝根说，他指的是“蜂群”（Swarm）卫星，“我们有个极佳的数据集，可以据此制作非常精准的磁场地图，而且能做到每 6 到 12 个月更新一次。”贝根补充说：“我们注意到，在极点周围的高纬度地区，世界磁场模型的精度不够，因为网格角的平均误差超过了 1 度。这促使我们考虑更新内容是否值得发布。”研究这一现象并非只有学术意义，还有现实意义。因为纵观地球历史，南北磁极曾有规律地发生过翻转。这种情况还会发生吗？

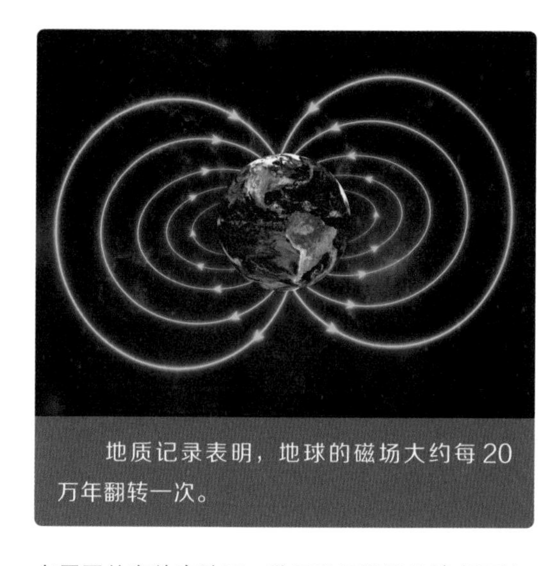

地质记录表明，地球的磁场大约每 20 万年翻转一次。

翻转

更重要的是，地核磁场似乎正在减弱，这可能是地球磁场即将翻转的信号。地球的南北两极会周期性地交换位置，上一次调换发生在 78 万年前。大约在 4.1 万年前，两磁极也曾短暂而迅速地减弱，但从未经历过一次完全的翻转，贝根补充说。2018 年发表在《美国国家科学院院刊》（*Proceedings of the National Academy of Sciences*）上的一项研究报告表明，在上一次大转变之前，地球磁场的强度大大减弱。

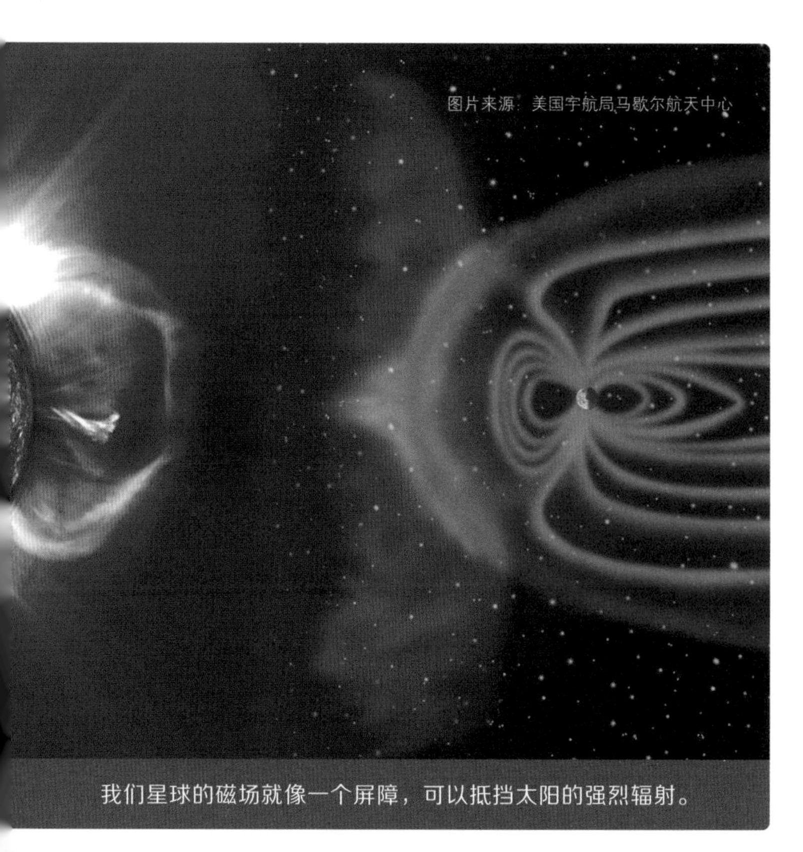

图片来源：美国宇航局马歇尔航天中心

我们星球的磁场就像一个屏障，可以抵挡太阳的强烈辐射。

极光是地球磁场和来自太阳的带电粒子相互作用的结果。

“磁场翻转可能对技术产生深远的影响”

虽然就算磁场会发生翻转也还需要几千年的时间，但它可能会对技术产生深远的影响，如果未来的技术与今天类似的话。这是因为磁场越弱，其保护地球免受太阳风（从太阳发出的带电粒子流）和宇宙射线（来自深空的辐射爆炸）影响的作用也就越弱。指南针将不那么精确，监测天气或传递通信讯号的卫星可能会受到干扰，德国德国地学研究中心暨亥姆霍兹波茨坦中心的负责人莫妮卡•科尔特（Monika Korte）表示。

“由于地磁屏蔽作用减弱，地球遭受的辐射会持续增加,（不过）大气层似乎仍然会在地球表面提供足够的屏蔽，人类和动物不会受到明显的影响。”科尔特告诉太空网。“然而，所有我们目前只在强烈的太阳或地磁风暴期间才会看到的影响，在地磁减弱的情况下，都可能在中度太阳活动期间发生和增强，”她补充道，“包括卫星中断或损坏，长途飞机和国际空间站受到的辐射量增加，通信和GPS信号失真。”科尔特说，在世界磁场模型发布后，对地球磁场的持续监测将继续进行，主要是通过欧洲航天局的“蜂群”卫星。但她指出，测量北磁极的位置将是一个挑战。这是因为磁极位于偏远地区，而对地球磁场的测量会受到所有磁场源的影响，包括地球大气层（电离层和磁层）中的磁场的影响。

“这将取决于未来的磁场变化，而我们无法预测，可能需要在常规计划之外对模型再次进行更新。”她补充道。

冥王星上的“鲸鱼”是怎么来的？

■ 撰文：梅根·甘农（Megan Gannon）

来自新视野号的数据可以揭示这颗遥远的矮行星的情况

2015年，科学家们发现冥王星上有一条巨大的红色“鲸鱼”。据日本的一个研究团队称，这个深色区域可能是一次巨大撞击留下的痕迹，也是那次撞击产生了冥王星的巨大卫星——冥卫一卡戎。

冥王星是柯伊伯带（海王星轨道外的冰体环）内最大的天体，它的表面几十年来一直是个谜。天文学家对这颗矮行星知之甚少，直到2015年7月美国宇航局的新视野号探测器在飞越时拍下了高清图像，揭示了它令人惊讶的复杂特征。多亏了这个探测器，我们现在知道冥王星有高耸的冰山、蓝天、约1000千米宽的心形氮冰川、锯齿状断层，可能还有地下海洋。

冥王星最突出的部分之一是克苏鲁区（非正式称谓），也被称为“鲸鱼”，它绵延3000千米。克苏鲁区布满了陨石坑，这表明它有数十亿年的历史——比它周围没有陨石坑的年轻“心脏”区域要古老得多。科学家们说，暗区呈现的红色可能来自“托林”，这是一种复杂的碳氢化合物。

为了进一步研究“鲸鱼”的颜色是怎么来的，东京大学的副教授关根康人（Yasuhito Sekine）对甲醛等有机分子进行了加热实验，这类有机分子在太阳系形成后不久就出现在新形成的冥王星上。关根康人发现，在50摄氏度以上加热溶液几个月后，产生了同样的暗红色。

与此同时，东京工业大学副教授源田秀典（Hidenori Genda）对冥王星的一次巨大撞击进行了计算机模拟。源田发现，产生冥卫一（冥卫一的大小大约是冥王星的一半）的撞击，可能在冥王星赤道附近制造出了一个巨大的热水池。根据2017年发表的研究结果，随着这个巨大热水池的冷却，会形成红色的复杂有机物质。

“对于我们太阳系的类地行星来说，巨大的撞击是很常见的，”源田向太空网解释道，“我们的研究结果表明，在海王星轨道以外的外太阳系中，巨大的撞击很常见。”

撞击的颜色

冥王星的颜色变化“呈现出一个有趣的模式，我们没有很好的观点来解释所有这些特征，所以我们都还处于探索不同假设来解释这些变化的初始阶段”，科罗拉多州西南研究所新视野号扩展任务的联合研究员凯尔茜·辛格（Kelsi Singer）说。

但辛格（没有参与这项新研究）并不完全相信新研究描述的撞击情景。她在一封电子邮件中告诉太空网，在过去40亿年左右的时间里，“鲸鱼”不太可能基本保持不变，因为该地区内部有很多变化。

“‘鲸鱼’中有一些区域有大量陨石坑，还有一些区域很光滑、几乎没有陨石坑，后者的年龄更小，”辛格说，“你可能会争辩说，如果暗层非常厚（超过几千米），它就有可能保持40亿年或更长时间，这期间仍然有其他陨石坑形成，而构造运动在破坏了陨石坑的同时保持了原有的暗红色。”

但辛格又说，在鲸鱼的大部分区域，深色物质似乎并不厚；“鲸鱼”以外较亮的表面上也有深色物质形成的薄斑块。辛格认为，对于“鲸鱼”的颜色，一个更简单的解释可能是，冥王星表面或大气中的辐射处理了甲烷，形成了深色物质。为了充分确认冥王星的化学组成和撞击历史，科学家们可能需要发射更多的太空望远镜来观测这颗矮行星，或者有一天，需要发射一个探测器来对冥王星冰冻的表面进行取样。

“如果我们能得到一些关于‘鲸鱼’地区复杂有机物的化学成分的信息，这将有助于我们确认或否定该地区起源于撞击，”源田说，“紫外光谱将为我们提供这些信息，但不幸的是，新视野号没有紫外光谱仪器。总之，从‘鲸鱼’地区带回的样本可以揭示其起源。”

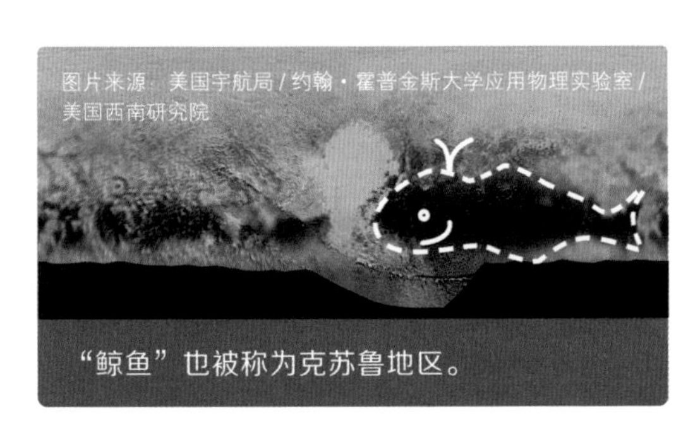

图片来源：美国宇航局/约翰·霍普金斯大学应用物理实验室/美国西南研究院

“鲸鱼”也被称为克苏鲁地区。

图片来源：美国宇航局 / 约翰・霍普金斯大学应用物理实验室 / 美国西南研究院 / 月球和行星研究所（Lunar and Planetary Institute）

右图：在这张图片中，可以看到冥王星“鲸鱼”的头部在左下方。

图片来源：美国宇航局 / 约翰・霍普金斯大学应用物理实验室 / 美国西南研究院

新视野号的近距离观测彻底改变了我们对冥王星的认识。

太空探索

图片来源：美国宇航局

图片来源：美国宇航局，欧洲航天局 / 哈勃望远镜和哈勃望远镜继任者团队

图片来源：美国宇航局

图片来源：美国宇航局/加州理工学院喷气推进实验室

图片来源：美国宇航局

最极端的人类太空飞行纪录

看看人类创造的一些太空飞行纪录

■ 撰文：麦克·沃尔

1961年4月12日，宇航员尤里·加加林（Yuri Gagarin）在地球上空进行了108分钟的飞行，进入预定轨道，人类成了太空物种。于是加加林创造了最初的纪录——第一个进入太空的人。但多年来，随着人类在寒冷的太空深处扩展了自己的立足点，人们又创造了许多其他纪录。让我们来看看这些纪录，从太空中年龄最大的人，到连续离开地球最多的日子。

第一个进入太空的人

加加林是第一个进入太空的人，几周后，美国也将第一个宇航员送进了太空——1961年5月5日，艾伦·谢泼德（Alan Shepard）乘坐自由7号升空。第一位进入太空的女性是俄罗斯宇航员瓦伦京娜·捷列什科娃（Valentina Tereshkova），她于1963年6月进入太空。和她一起被选中的还有其他几名女宇航员，但最终只有她飞入了太空。直到1982年，第二个女性斯维特兰娜·萨维茨卡娅（Svetlana Savitskaya）才进入太空。第一位进入太空的美国女性是莎莉·莱德（Sally Ride），她于1983年6月18日进入太空执行STS-7航天飞机任务。

在大约20年的时间里，美国和苏联是仅有的两个拥有宇航员的国家。在这两个国家之外，第一个将宇航员送入太空的国家是捷克斯洛伐克，1978年，弗拉基米尔·雷梅克（Vladimir Remek）乘坐苏联联盟28号飞船进入太空。从那时起，世界各地的几十个国家都见证了自己国家的公民乘坐美国、苏联或俄罗斯的航天器进入太空。

1961年宇航员尤里·加加林乘坐东方号太空舱进入太空。

第一次太空行走

第一次太空行走是由阿列克谢·列昂诺夫（Alexei Leonov）完成的，他于1965年3月18日在沃斯霍德2号任务期间进行了12分钟的太空行走。这位宇航员后来说，他回宇宙飞船时遇到了麻烦（他的宇航服鼓了起来），他还差点中暑，但他还是安全返回了家。

美国第一个进行太空行走的是埃德·怀特（Ed White），他于1965年6月3日完成了美国第一次太空行走。近20年后，1984年7月25日，斯维特兰娜·萨维茨卡娅在礼炮7号空间站外进行了太空行走，这是女性首次进行太空行走。第一位进行太空行走的美国女性是凯瑟琳·沙利文（Kathryn Sullivan），她于1984年10月11日走出挑战者号航天飞机。1984年2月7日，布鲁斯·麦坎德利斯（Bruce McCandless）在STS-41-B任务期间，使用载人机动装置离开了挑战者号航天飞机，这是第一次无系绳太空行走（为数不多的几次之一）。

布鲁斯·麦坎德利斯在使用载人机动装置进行无系绳太空行走。

约翰·格伦在STS-95航天飞机任务期间拍摄的肖像。

1961年，德国人蒂托夫绕地球飞行时年仅25岁。

根纳季·帕达尔卡在他的宇航员生涯中在太空中度过了两年多的时间。

太空中年龄最大的人

1998年10月，俄亥俄州民主党参议员约翰·格伦（John Glenn）乘坐执行STS-95任务的发现号航天飞机进入太空，时年77岁。这次任务是格伦的第二次太空飞行；1962年2月，他成为第一个绕地球飞行的美国人。所以格伦也保持着另一项纪录：太空旅行间隔时间最长（36年8个月）。进入太空的年龄最大的女性是佩吉·惠特森（Peggy Whitson），她最后一次飞行时是57岁（2016—2017年跟随第50、51和52远征队飞行）。

太空中最年轻的人

1961年8月，宇航员吉格尔曼·季托夫（Gherman Titov）乘坐苏联东方2号宇宙飞船进入轨道时，离他26岁生日还有一个月。他是第二个绕地球飞行的人，在25小时中绕地球飞行了17圈。季托夫也是第一个在太空睡觉的人，据报道，他是第一个患“太空病”（太空晕车）的人。捷列什科娃不仅是第一位进入太空的女性，而且是最年轻的女性纪录保持者，年仅26岁。

在太空中度过的时间最多

宇航员根纳季·帕达尔卡（Gennady Padalka）保持着这项纪录，他在太空中度过了878天还多一点，总共进行了5次太空飞行。这几乎是两年半（2年4个月3周5天）的时间，以28164千米每小时的速度绕地球飞行。保持该纪录的女性是美国宇航局的宇航员佩吉·惠特森，她在太空中度过了665多天，这也是美国所有宇航员的最高纪录。

最贵的宇宙飞船

早在1998年，成员国就开始建造国际空间站——大约有一个足球场那么长，生活空间相当于一座五居室的房子。它于2012年完工，不过还在扩建中。

2011年，这个轨道实验室的成本估计为1000亿美元。这使得国际空间站成为有史以来最昂贵的建筑。由于要搭载更多的太空舱，以及操作空间站的时间会更长，成本还将继续上升。

人类建造的最大的宇宙飞船

国际空间站再一次成为赢家。这个轨道实验室是代表超过15个国家的5个空间机构的产品。从它的主干桁架的一端到另一端，它的宽度约为109米。在桁架的两端有巨大的太阳能电池阵列，它们的翼展有73米。

宇航员生活在一系列连接在主桁架上的加压太空舱中。这些太空舱的可居住空间大致相当于一架波音747大型喷气式飞机的内部客舱。空间站目前有6名宇航员，但如果有来访的飞船与空间站对接，宇航员人数将跃升至9到13人。

空间站很大，如果天空晴朗，并且观测者知道该往哪里看，可以很容易地从地面用肉眼看到它。这个空间站看起来像一束快速移动的亮光，可能比最亮的恒星（天狼星）或金星还亮，这取决于你所在地方的观看条件。

美国宇航局将继续为国际空间站提供资金，至少到2025年。

规模最大的太空聚会

这听起来可能不太吉利，但太空中人数最多的聚会的纪录是 13 人，这一纪录是在 2009 年美国宇航局的奋进号航天飞机执行 STS-127 任务期间创造的。2009 年 7 月，奋进号与国际空间站对接。航天飞机的 7 名机组人员随后进入这个轨道实验室，与已经在那里的 6 名宇航员会合。这次 13 人的聚会是有史以来在太空中同时聚集人数最多的一次。后来美国宇航局的航天飞机和空间站机组人员都追平了 13 人的纪录。

国际空间站上的宇航员和执行 STS-127 任务的宇航员创造了当时太空中人数最多的纪录。

从左上顺时针：梅特卡夫 – 林登伯格、山崎、威尔逊和戴森

太空中女性的最多人数

这一纪录是四名女性同时进入太空。2010 年 4 月，美国宇航局的宇航员特雷西·考德威尔·戴森（Tracy Caldwell Dyson）乘坐俄罗斯联盟号宇宙飞船前往国际空间站。不久，美国宇航局的宇航员斯蒂芬妮·威尔逊（Stephanie Wilson）、多萝西·梅特卡夫 – 林登伯格（Dorothy Metcalf–Lindenburger）和日本的宇航员山崎直子（Naoko Yamazaki）也加入了这个轨道实验室，山崎直子乘坐发现号航天飞机执行 STS–131 任务。

赫尔姆斯在这次破纪录的太空行走中拍的照片。

太空行走的最多次数

俄罗斯宇航员阿纳托利·索洛维耶夫（Anatoly Solovyev）在 20 世纪 80 年代和 90 年代的五次任务中进行了 16 次太空行走。索洛维耶夫在宇宙飞船外度过了 82 个多小时，这是另一项纪录。

美国宇航局的宇航员迈克尔·洛佩斯 – 阿莱格里亚（Michael Lopez-Alegria）是太空行走次数最多的美国纪录保持者——10 次，总时长为 67 小时 40 分钟。紧随其后的纪录是女性进行太空行走的最多次数：美国宇航员佩吉·惠特森在多次任务中进行了共 10 次太空行走，总时长为 60 小时 21 分钟。

宇航员阿纳托利·索洛维耶夫继续保持着太空行走次数最多的纪录。

时间最长的单次太空行走

2001 年 3 月 11 日，美国宇航局的宇航员吉姆·沃斯（Jim Voss）和苏珊·赫尔姆斯（Susan Helms）执行 STS–102 任务期间在发现号航天飞机和国际空间站外度过了 8 小时 56 分钟，进行了一些维护工作，并为这个轨道实验室迎接另一个太空舱的到来做好了准备。至今这仍然是历史上时间最长的单次太空行走。

在返回地球的过程中，阿波罗10 号机组人员的飞行速度比以往人类的任何宇宙旅行速度都要快。

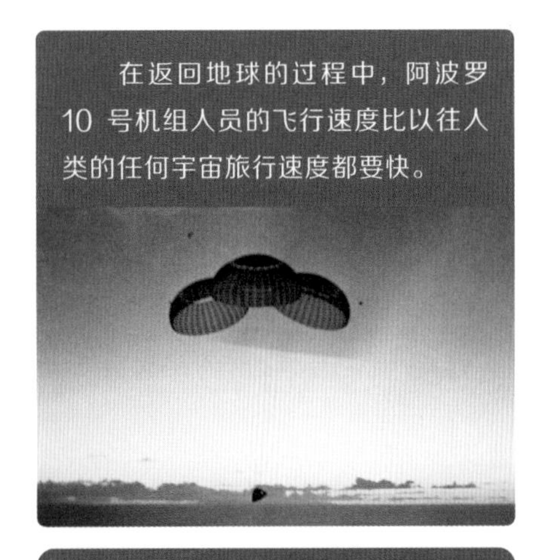

人类速度最快的太空飞行

1969 年 5 月 26 日，美国宇航局阿波罗 10 号登月任务的机组人员在返回地球时，相对于地球的最高速度达到了 39897 千米每小时。这是人类有史以来最快的旅行速度。两个月后的 1969 年 7 月 20 日，美国宇航局首次登月，阿波罗 10 号任务是这次登月任务的提前彩排。阿波罗 10 号的宇航员塞尔南（Cernan）、约翰·杨（John Young）和汤姆·斯塔福德（Tom Stafford）分别乘坐指挥舱“查理·布朗”和登月舱“史努比”绕月飞行。后来，斯塔福德和塞尔南将“史努比”月球着陆器降落到距离月球表面不到 15243 米的地方，然后返回与“查理·布朗”指挥舱对接。

由于天气恶劣，哥伦比亚号航天飞机原定的着陆日期被推迟。

执行任务时间最长的航天飞机

1996 年 11 月 19 日，哥伦比亚号航天飞机执行 STS-80 任务发射升空。它原定于 12 月 5 日返回地球，但恶劣的天气使着陆推迟了两天。当哥伦比亚号最终返回家园时，它已经在太空中度过了近 17 天 16 小时，创造了航天飞机任务时间最长的纪录。

月球任务的最长时间

1972 年 12 月，美国宇航局阿波罗 17 号任务的宇航员哈里森·施密特（Harrison Schmitt）和尤金·塞尔南（Eugene Cernan）在月球表面漫游了将近 75 个小时，也就是三天多的时间。他们还进行了三次月球漫步，总共 22 个多小时。也许宇航员逗留是因为他们怀疑人类在一段时间内不会再到月球——阿波罗 17 号是人类最后一次登上月球，甚至是最后一次飞出近地轨道。

塞尔南（左）和施密特（右）在阿波罗 17 号宇宙飞船上。

发现号航天飞机即将对接时，瓦列里·波利亚科夫正凝视着和平号空间站。

人类距离地球的最远距离

人类距离地球最远的纪录已经保持了 50 多年。1970 年 4 月，美国宇航局阿波罗 13 号任务的机组人员在距离地球 400171 千米的月球背面上空 254 千米处盘旋。这是人类到达的距离地球最远的地方。

阿波罗13号任务期间拍摄的地球照片，这次任务险些酿成灾难。

连续待在太空中的最长时间

从 1994 年 1 月到 1995 年 3 月，俄罗斯宇航员瓦列里·波利亚科夫（Valery Polyakov）在和平号空间站连续待了近 438 天。因此，他保持着人类单次太空飞行时间最长的纪录，而且当他最终着陆时，他可能还创造了另一项纪录——双腿最不稳当。美国人连续待在太空中的最长时间是 340 天，这是 2015—2016 年斯科特·凯利（Scott Kelly）与俄罗斯宇航员米哈伊尔·科尔尼扬科（Mikhail Kornienko）一起参加国际空间站为期一年的任务时创下的。女性最长时间的单次飞行原纪录发生在 2016 年至 2017 年，当时美国宇航局的佩吉·惠特森在空间站上度过了 288 天。美国宇航局的宇航员克里斯蒂娜·科赫（Christina Koch）于 2020 年春天结束为期 328 天的空间站任务返回地球，她打破了这一纪录。

昌－迪亚兹（左）和罗斯（右）共享乘坐过最多次宇宙飞船的纪录。

单个宇航员乘坐宇宙飞船的最多次数

这个纪录由美国宇航局的两名宇航员共享。富兰克林·昌－迪亚兹（Franklin Chang-Diaz）和杰里·罗斯（Jerry Ross）都曾乘坐美国宇航局的航天飞机七次进入太空。昌－迪亚兹在 1986 年至 2002 年间进行了飞行，而罗斯在 1985 年至 2002 年间进行了飞行。

国际空间站的第一批宇航员是（从左到右）尤里·吉德津科（Yuri Gidzenko）、威廉·谢泼德（William Shepherd）和谢尔盖·克里卡列夫（Sergei Krikalev）。

连续载人最久的航天器

这项纪录属于国际空间站，而且每天都在增长。自 2000 年 11 月 2 日以来，这个价值 1000 亿美元的轨道实验室一直在使用中。自那时——加上 2000 年 10 月 31 日第一批空间站人员升空的两天——至今就是人类待在太空中的最长时间。

哈勃太空望远镜

通过科学史上一个最伟大的救赎故事来了解这个标志性的仪器

■ 撰文：卡拉·科菲尔德（Calla Cofield）

具有标志意义的哈勃太空望远镜于1990年4月24日发射升空，它在整个太空生涯中展现了很多壮观的宇宙景象，向人们揭示了非凡的宇宙真相。但曾经也有一些时候，几十年的努力，加上纳税人数十亿美元的钱，似乎突然就打了水漂，有人担心这个项目可能会彻底失败。

但哈勃克服了这些障碍，成为有史以来最成功的望远镜之一，无论是在科学回报方面，还是在对公众的影响方面。天文学家说，运行了这么多年，哈勃最好的日子可能还在后头。

“回到1990年，即使是最乐观的人，也无法预测哈勃望远镜会在多大程度上改写我们的天体物理学和行星科学教科书，”美国宇航局前局长查尔斯·博尔登（Charles Bolden）在2015年庆祝哈勃望远镜问世25周年的活动上说，“四分之一个世纪后，哈勃从根本上改变了我们对宇宙以及我们在其中的位置的理解。”

博尔登说，以目前的速度，哈勃望远镜每年会产生10TB的新数据，这些数据量等同于美国国会图书馆的全部藏书。在同一场活动上，负责哈勃科学项目的巴尔的摩太空望远镜科学研究所临时主任凯西·弗拉纳根（Kathy Flanagan）说，科学家利用哈勃望远镜的数据已经发表了近1.3万篇科学论文。

向成功攀登

哈勃望远镜项目从近乎失败的深谷中爬到了现在的成就巅峰。科学作家罗伯特·齐默尔曼（Robert Zimmerman）在他的书《宇宙是一面镜子：哈勃太空望远镜和建造它的梦想家们的传奇》（*Princeton University Press, 2008*）中记录了哈勃望远镜项目团队几十年来的奋斗历程。首先，要说服天文学界同意投资这样一个昂贵的项目，然后让国会为它提供资金，并在建设期间继续提供资金，这并不容易。在那些年里，不仅仅是望远镜本身不容易，齐默尔曼还写了一些人，他们为了哈勃而牺牲了自己的事业，甚至个人生活。

哈勃太空望远镜原计划于1983年发射升空，但直到1990年才升空。在望远镜发射后不久，科学团队意识到他们接收到的图像是模糊的。原来是望远镜的镜面被磨得太薄了。（这个缺陷是由于建造镜片过程中使用的测试设备出了错。）

1993年，第一次哈勃维修任务安装了可以调整镜面缺陷的硬件，望远镜很快就发挥出了全部潜力。它揭示了从太阳系到整个可观测宇宙的各种尺度的新信息。哈勃望远镜发现了冥王星周围的四颗新卫星，证明了星系经常碰撞和合并，极大地改进了对宇宙年龄的测量精度，并向世人表明宇宙不仅在膨胀，而且膨胀得越来越快。

到2003年，哈勃望远镜已经提供了十多年宝贵的科学真相和美丽照片。本来那个时候，它可以功成名就，隐退天宇。但是人们计划再为哈勃增加两个新仪器，并修复两个已经停止工作的仪器。

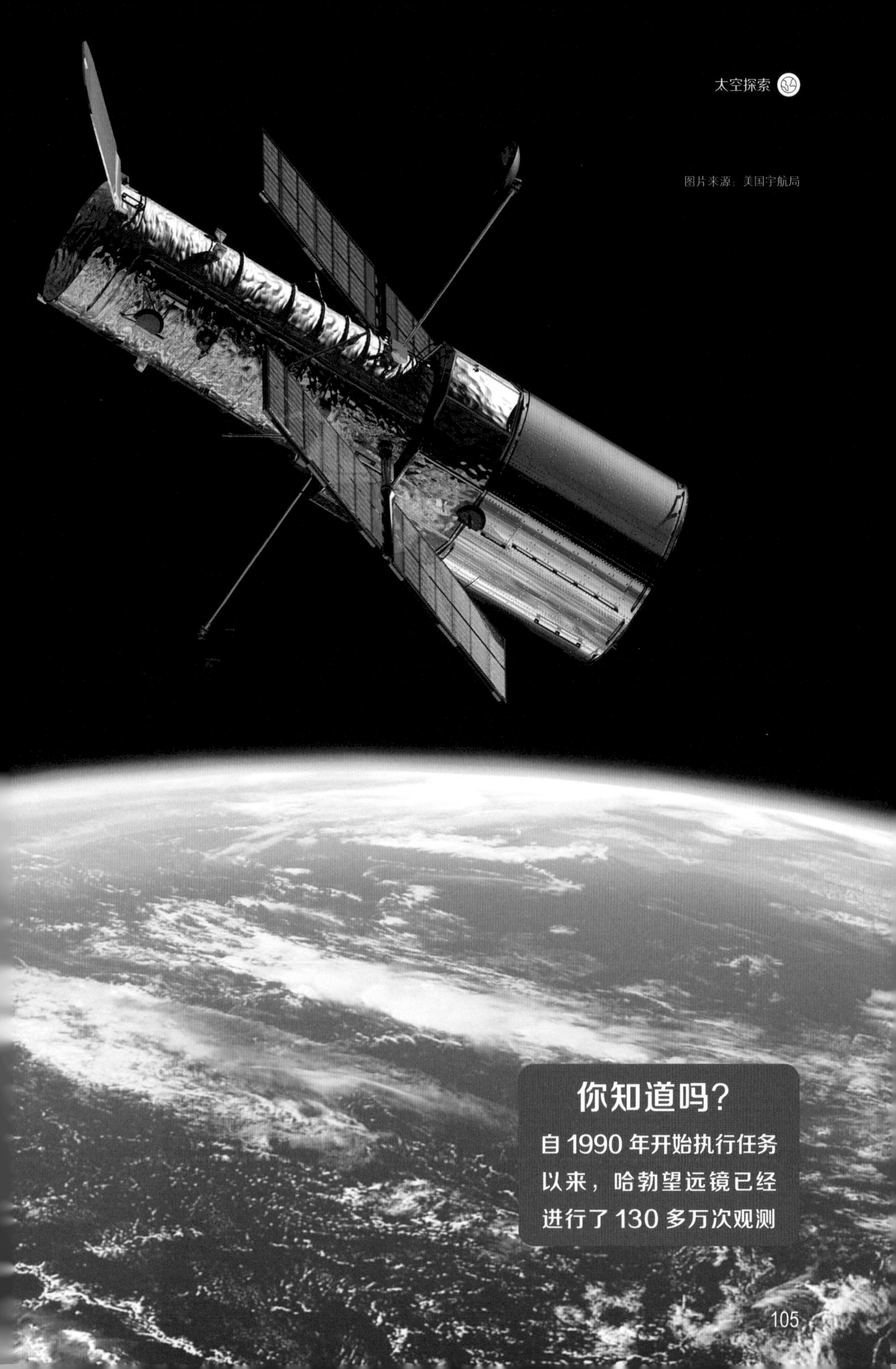

图片来源：美国宇航局

你知道吗？

自 1990 年开始执行任务以来，哈勃望远镜已经进行了 130 多万次观测

哈勃望远镜拍摄到了宇宙中最令人惊叹的一些图像，包括这张天线星系的照片。

图片来源：欧洲航天局/哈勃望远镜与美国宇航局

哈勃的广角相机3号拍摄到了这张史蒂芬五重星系的照片。

图片来源：美国宇航局、欧洲航天局以及哈勃SM4 ERO团队

2009 年，人们对哈勃进行了第五次也是迄今为止最后一次载人维修任务。这次任务是哈勃生命故事的一个缩影：充满了差点给望远镜带来灾难的千钧一发时刻，比如一个固定扶手的螺栓无法松开，宇航员差点没法到达需要修理的仪器之一。最后，这次任务取得了圆满成功。宇航员们安装了两台新仪器，修理了两台损坏的仪器，安装了新电池、新陀螺仪和一台新的科学计算机，以延长哈勃的寿命。今天，它仍然是世界上最强大、最受欢迎的望远镜之一。

未来何去何从

那么，哈勃太空望远镜的下一步计划是什么呢？"坦率地说，我们从未想过哈勃望远镜会持续工作这么长时间，"博尔登在 2015 年的照片揭幕活动上说，"据我们所知，哈勃的寿命最初可能计划是 15 年。事实上，25 年后，它仍然很强大，这要归功于哈勃团队的英雄……他们中的许多人你永远也不认识。"

哈勃总有一天会停止收集数据，但目前，美国宇航局还没有确定它的退役日期，因为它的运行情况比大家预期的要好，甚至在它最后一次维修后的时间里也是如此。

哈勃望远镜观测的主要是可见光和紫外光，而耗资 88 亿美元的詹姆斯·韦布太空望远镜观测的是红外光，它将比哈勃望远镜更深入地观察宇宙。詹姆斯·韦布望远镜的镜面更大——约 6.5 米宽，而哈勃望远镜的是约 2.4 米宽——并且摄像机也更强大。不过，现在很难想象这台望远镜将如何填补哈勃留下的空白。

哈勃望远镜不可能永远保持在它的轨道上运行——如果任其发展，它很可能会在 21 世纪 30 年代中后期坠毁在地球上。美国宇航局的官员表示，他们不会让哈勃不受控制地落到地球上，因为地面上的人可能会被掉落的部件伤到。因此，该机构有两个选择：要么引导哈勃在太平洋上空安全毁灭，要么将望远镜提升到更高的轨道（可能还要再翻新一次）。

哈勃最终命运的时间框架仍然悬而未决，因为没有人确切知道哈勃还能在多长时间内产生好的科学成果。齐默尔曼说，他敢打赌，如果到了该处理哈勃望远镜的时候它还在工作，美国宇航局会找到一种方法，把它放回一个稳定的轨道。

哈勃太空望远镜部署多年后，这个标志性天文台的生日庆祝活动绝不是一场纪念活动。哈勃目前的表现比它刚开始执行任务时还要好，而且没有显示出衰落的迹象。事实上，这架已经上升到如此高度的望远镜，截至目前所取得的惊人成就可能还没有达到其可以取得成就的顶峰。

图片来源：美国宇航局、欧洲航天局和哈勃继任者团队（太空望远镜科学研究所 / 大学天文研究协会）

哈勃望远镜对 3000 万光年外的草帽星系的清晰拍摄。

图片来源：美国宇航局、欧洲航天局和哈勃继任者团队（太空望远镜科学研究所 / 大学天文研究协会），A. 诺塔（A. Nota）（欧洲航天局 / 太空望远镜科学研究所），韦斯特伦德 2 号星团科学团队

这张韦斯特伦德 2 号星团的照片被选为哈勃望远镜 25 周年纪念照片。

图片来源：美国宇航局、欧洲航天局 / 哈勃望远镜和哈勃继任者团队

哈勃拍摄的最具标志性的照片之一是鹰状星云中的"创世之柱"。

这是2010年乘坐亚特兰蒂斯号航天飞机STS-132的宇航员离开空间站时拍摄的照片。

国际空间站

这个太空实验室在轨道上运行的20年里是如何发展的

■ 撰文：多丽丝・埃琳・萨拉查（Doris Elin Salazar）

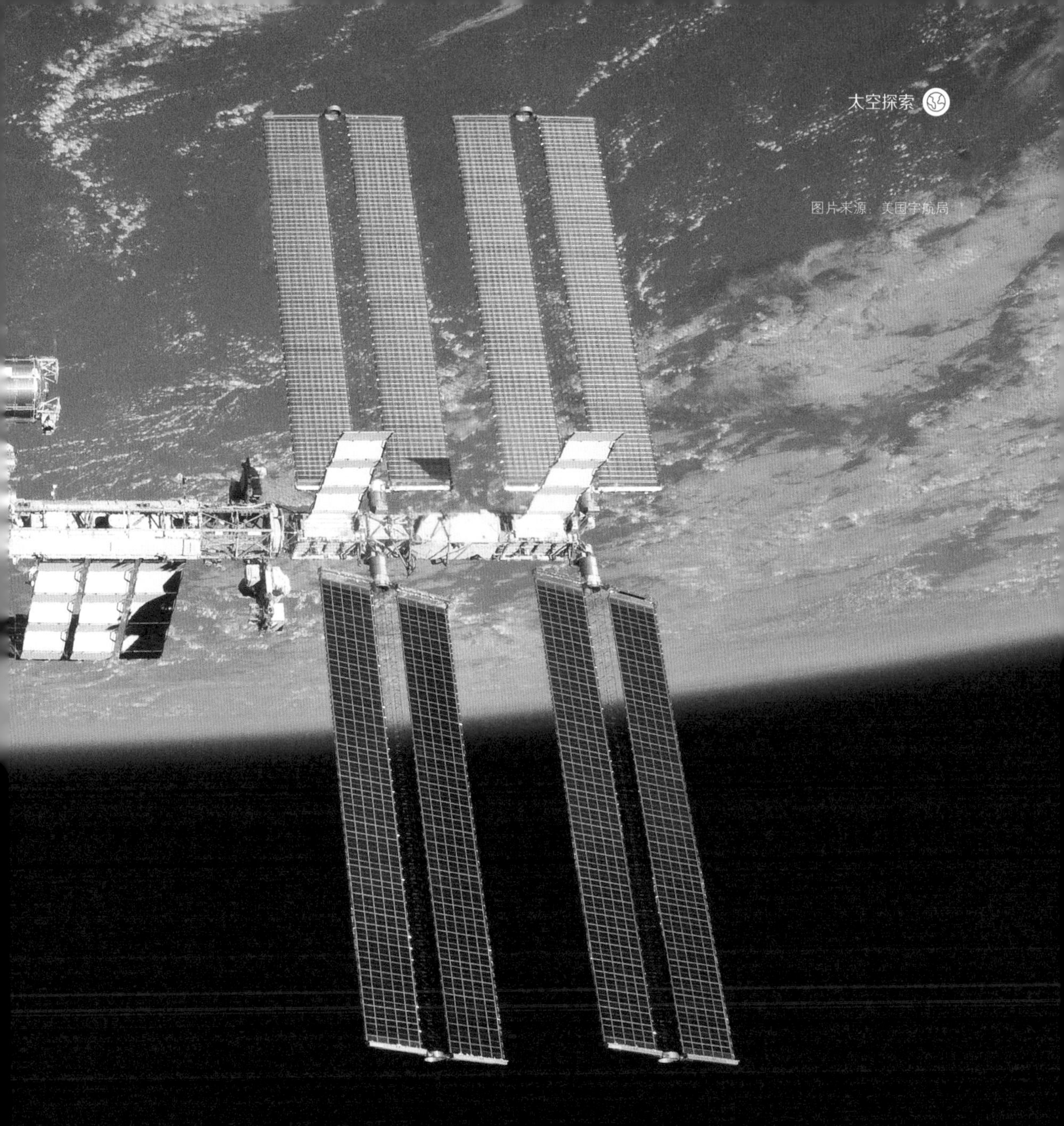
图片来源：美国宇航局

有两分钟的时间，美国宇航局宇航员焦立中（Leroy Chiao）除了头顶上旋转的蓝色大理石般的地球，什么也看不见。他形容那一刻为“超现实”。焦立中当时正在进行漫长的太空行走，并组装一部分国际空间站。国际空间站是一个寄托了人类勃勃雄心的轨道实验室，它的出现前所未有。

2018 年 11 月 20 日是国际空间站首个部件发射 20 周年纪念日，正是数百名工程师、像焦立中这样的航天飞机宇航员、国际支持以及至今仍在继续发射工作的团队的贡献，使这一切成为可能。自 2000 年 11 月 2 日以来，空间站一直在使用状态。

当我们思考空间站为人类所做的一切——外交事业、人类太空飞行所取得的进步和生命科学中的发现，也不得不思考这个太空实验室的未来。

国际空间站将美国宇航局推向了“一种全新的思维方式”，空间站工程师加里·奥利森（Gary Oleson）告诉太空网。1988 年至 1993 年期间，奥利森作为 NASA 空间站项目办公室的成员，首先负责系统工程的成本，然后担任主要系统工程师联络员，专注于项目的后勤和维护。

“我们通常认为航天器就是航天器，”奥利森说，“但事实证明，从工程的角度来看，在组装期间，国际空间站并不是一个航天器。它曾经有 19 个不同的航天器，因为每次你上来添加一

国际空间站的穹顶舱有 7 个窗户，让宇航员得以见证下方地球的壮丽景观。

个新元素，你就有了一个不同的航天器。它的质量发生了变化，可靠性也进一步提升。”

这只是团队对空间站建设如此顺利感到兴奋的原因之一。“我们在组装阶段没有遇到更大的技术问题，这让我们有点惊讶，”焦立中在接受太空网采访时表示，“这些部件实际上完全匹配。而它们是在其他国家制造的，使用不同的电气系统……其中很多部件甚至没有经过装配检查。”

15个国家资助了国际空间站。该空间实验室的主要合作伙伴包括美国宇航局、俄罗斯联邦航天局和欧洲航天局；日本宇宙航空研究开发机构和加拿大航天局。自开放以来，截至2019年5月国际空间站已经接待了来自18个国家的232个人。

这个太空实验室在离地球表面400千米的平均高度飞行。它以28000千米每小时的速度每90分钟绕地球一圈。换个角度来看，国际空间站每天飞行的距离大致相当于从地球到月球的距离的一个来回。

目前的计划要求空间站的运作持续到2024年。特朗普政府曾提议在2025年之后不再直接支持空间站。

“（美国宇航局）打算成为空间站的主要客户，不管是谁来运营，我们都希望他们成为空间站运营的主要付款人，”乔治·华盛顿大学太空政策研究所名誉教授约翰·洛格斯登（John Logsdon）在接受太空网采访时表示，“我认为关键的问题是，政府要为空间站的运营支付多久的费用，以及是否会有某家私人运营商介入并接管空间站。”

焦立中说，他对在2024年或2025年之后停止空间站的计划感到失望。“将空间站商业化的整个想法……空间站从来都不是为了盈利而设计的，”他说，“仅仅为基础设施买单是不合理的。还有发射费用。商业化的方式如何能支付研究以及宇航员往返空间站所需的费用？这走不通的。如果我们继续沿着这条路走下去，空间站将会无法运行。”

当然，从技术上讲，空间站总有一天会结束——这个项目一开始设计的寿命只有15年。但目前的评估表明，现在那里的大部分设备在2028年之前应该是完全没问题的，甚至可以更久。

而认为应当尽早结束国际空间站的公共服务生涯的理由是，在空间站项目上节省的成本意味着可以为其他的人类太空探索项目提供资金，比如重返月球和探访火星。

“我认为建立月球基地确实意义重大，”焦立中说，“你希望能够上去，重建环境。还有载人火星飞船，要确保在把它送到火星之前它能正常工作。”但是，他补充说：“在一个领域节省并不意味着资金将用于你想开展的项目……不一定是这样。”

“这个项目一开始设计的寿命只有15年……现在那里的大部分设备在2028年之前应该是完全没问题的”

虽然空间站的未来仍然不确定，但从它的圆顶舱里拍摄的照片绝对是令人敬畏的。

“我们在太空中实实在在有一个飞行器——国际空间站，而且我们定期向它发射，这两个事实对年轻人来说是一种激励。”焦立中补充道。像他凝视令人叹为观止的地球大陆和云层两分钟的故事，就足以让任何人着迷。

图片来源：美国宇航局

宇航员定期进行太空行走，对空间站进行维护。

图片来源：美国宇航局约翰逊太空中心

空间站的加拿大2号机械臂用于协助空间站组装、对接和维护。

国际空间站的数据

通过数字认识国际空间站

■ 撰文：雷米·梅利娜（Remy Melina）

1000亿 美元

国际空间站的估算成本。这使它获得了“世界上最昂贵的单一物体”这一宏伟头衔。

419600

国际空间站的重量（千克），比320辆汽车还重。

109

国际空间站的总长度（米），这大约是一个美式橄榄球场的长度，包括了国际空间站的主干桁架和太阳能电池翼展。

135

国际空间站每天飞行的距离相当于穿越北美洲135次（大致相当于从地球到月球再返回地球）。

图片来源：美国宇航局约翰逊太空中心

蒂托（左）以及宇航员塔尔加特·穆萨巴耶夫（Talgat Musabayev）（中）、尤里·巴图林（Yury Baturin）（右）

2000万 美元

丹尼斯·蒂托（Dennis Tito），美国一个千万富翁企业家，花费了2000万美元，成为第一个自费太空旅行至国际空间站的人。返回地球之前他在国际空间站待了8天。

75—90

每40平方米太阳能电池板所提供的电量千瓦数。

3

2000年国际空间站第一批宇航员的规模，以及一艘俄罗斯联盟号宇宙飞船运送到国际空间站的宇航员人数。

340

宇航员斯科特·凯利在国际空间站上待的天数。他保持着单次任务时长最长的纪录。

90

国际空间站以 7.7 千米每秒的速度绕地球一圈所需的分钟数。

52

国际空间站上控制系统运行的计算机数量。

12.9

连接电气系统的电缆的总长度（千米）。

3.63

三名工作人员在国际空间站待 6 个月所需食物的吨数。国际空间站的工作人员最喜欢的食物包括鸡尾酒虾、墨西哥玉米粉圆饼、烧烤牛腩、早餐香肠三明治、墨西哥鸡肉卷、蔬菜乳蛋饼、通心粉和奶酪、糖果巧克力、樱桃蓝莓馅饼。柠檬水是最受欢迎的饮料。

5

为国际空间站做出贡献的航天机构数量。美国宇航局、俄罗斯联邦航天局、日本宇宙航空研究开发机构、加拿大航天局以及欧洲航天局都为国际空间站的建设做出了贡献。

6

单次任务期间一个宇航员通常会在国际空间站上生活、工作的月数。

5

用于运载物资至国际空间站的无人驾驶飞船数量。机器人太空飞船包括俄罗斯的进步号飞船、欧洲航天局的自动运载飞船、日本的 H-2 运载飞船。美国宇航局还与太空探索技术公司签订了合同，由其无人驾驶的龙飞船提供货运飞行，并与弗吉尼亚州的轨道科学公司（Orbital Sciences in Virginia）签订了合同，由其天鹅座飞船提供货运服务。

数据来自美国宇航局，截至 2017 年 8 月。

太空中的一年

有两个人在太空中待了 340 天，科学家们仍在研究他们带回来的东西

■ 撰文：梅根·巴特尔斯

在 2015 年 3 月至 2016 年 3 月期间，一名男子被以各种方式研究了 357 个小时：贡献血液和尿液，短跑至出汗，让别人读他的日记——哦，还有在国际空间站生活。

这名男子名叫斯科特·凯利，他和俄罗斯同伴米哈伊尔·科尔尼扬科一起在太空生活了 340 天，为了了解如此长时间的无重力环境会如何影响人体，这是美国宇航局首次尝试的一部分。但是，这两人几年前就已经返回了地球，而科学家们仍在试图弄清楚他们带回来的东西。一篇新论文列出了凯利和科尔尼扬科在“一年任务”中所进行的测试，并将其置于更长的太空飞行背景下——就像火星任务所需要的那样，至少持续两年。

最引人注目的是，关于人体对这种环境的反应，美国宇航局知之甚少：在将凯利送到空间站之前，没有美国宇航员在太空中连续待过六个月以上，因此该机构迫切需要数据。（俄罗斯曾派遣六名宇航员在和平号空间站上生活了 300 天或更长时间，但没有公布这些数据。）

因此，在飞行之前，科学家们提出了 17 种不同的调查方案，这两名宇航员将参与其中，解决诸如微重力下液体如何在体内流动、他们如何睡觉以及生活在他们身上和体内的微生物群落如何变化等未知问题。通过对两名宇航员在 11 个月的太空旅行之前、期间和之后进行测试，他们可以看到宇航员的身体对长时间太空飞行的反应。他们还可以将测量结果与之前较短的太空飞行收集的数据进行对比。在另一项分析中，他们还将凯利的数据与他的双胞胎兄弟、美国宇航局宇航员马克·凯利（Mark Kelly）的数据进行了对比，后者留在地球上作为对照组。

但即使是为期一年的任务，迄今为止科学家对长期太空飞行影响的最好研究也只包括两项测试，而且都是男性，都是高加索人，都是 50 到 55 岁左右的人。11 个月的飞行也不符合到达火星所需的时间。然而，2019 年的一篇论文认为，这项研究为未来更大规模的研究奠定了重要基础，比较 6 个月和 1 年的结果将有助于科学家更好地推断出更长飞行时间的结果。

研究人员认为，下一步是进行一个更大规模的研究。该项研究将使用与凯利和科尔尼扬科相同的测试和程序，但范围更广：10 人执行为期一年的任务，10 人执行为期六个月的任务，10 人执行为期两个月的任务。作者写道，这样做将有助于太空机构进一步弥合研究上的差距，美国宇航局已经对这方面的建议表示感兴趣。

这项研究的概述被放在一篇论文中，于 2019 年 1 月 1 日发表在《航空航天医学与人类表现》（*Aerospace Medicine and Human Performance*）杂志上。作为为期一年任务部分所进行的个别研究的结果将单独发表。

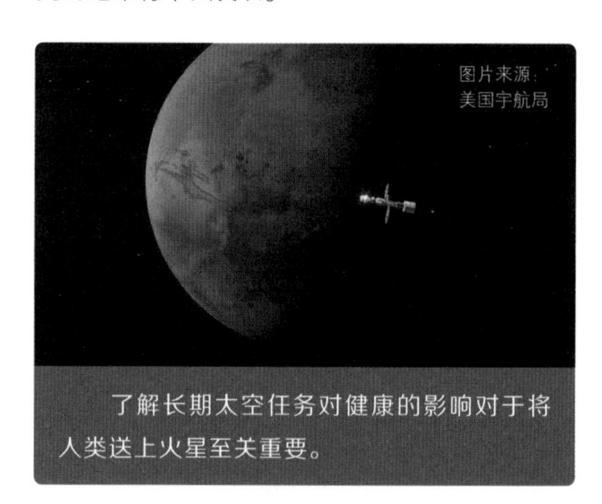

图片来源：美国宇航局

了解长期太空任务对健康的影响对于将人类送上火星至关重要。

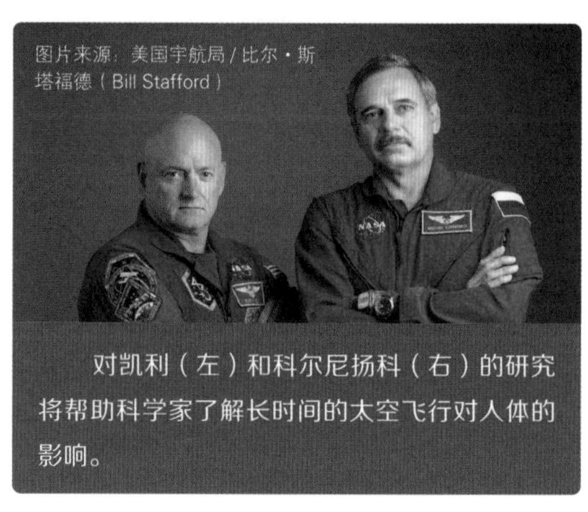

图片来源：美国宇航局／比尔·斯塔福德（Bill Stafford）

对凯利（左）和科尔尼扬科（右）的研究将帮助科学家了解长时间的太空飞行对人体的影响。

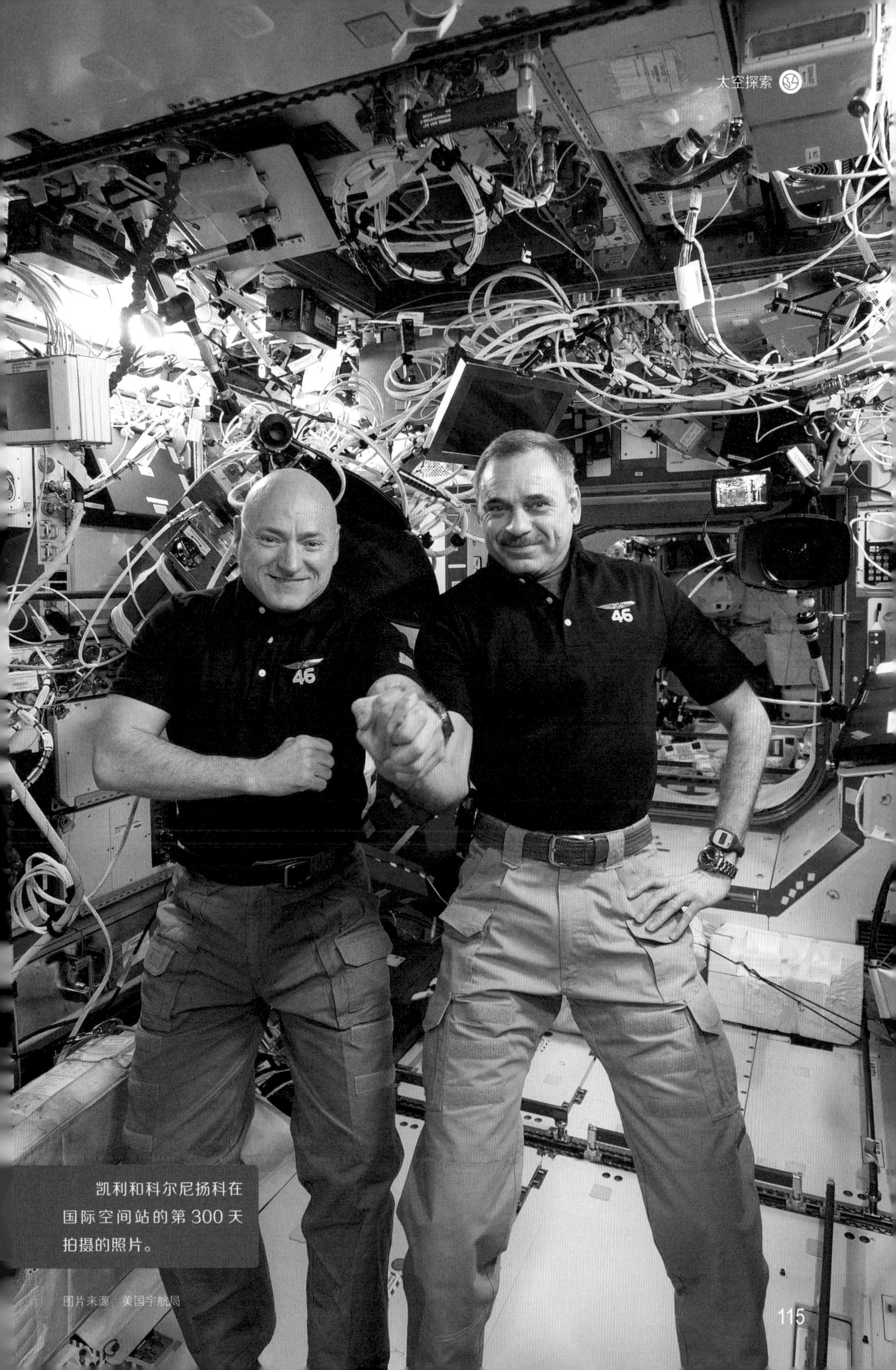

凯利和科尔尼扬科在国际空间站的第 300 天拍摄的照片。

图片来源：美国宇航局

怪异的火星

机遇号和勇气号火星车在火星上最匪夷所思的发现

■ 撰文：亨内基・韦特林（Hanneke Weitering）

美国宇航局于2019年2月宣布，机遇号火星车正式结束了在火星上长达15年的任务。8个月前，一场猛烈的沙尘暴使机遇号的太阳能电池板失灵，导致它无法与地球通信。现在，美国宇航局不再等待机遇号苏醒，不再监听来自机遇号的信号。机遇号是美国宇航局运行时间最长的火星车，比它的孪生兄弟勇气号寿命更长，勇气号在2010年陷入沙坑并耗尽电量后陷入沉寂。这两辆火星车都是在2003年发射到这颗红色行星的，它们被统称为美国宇航局的火星探测车。在这颗红色行星上执行任务的过程中，这对孪生火星车取得了一些非凡的科学发现。在这里，我们将关注机遇号和勇气号在火星上发现的一些更奇怪的东西。

勇气号和机遇号探测器都是在2004年登陆火星的。

图片来源：美国宇航局/加州理工学院喷气推进实验室

1 果酱甜甜圈

2014年1月8日，一个神秘的物体神秘地出现在机遇号火星车的全景相机前，它十分像一个填充了果酱撒了糖粉的甜甜圈。可疑的是，之前在同一地点拍摄的照片中并没有什么甜甜圈。

没有人知道它是什么，也不知道它从哪里来，但地球上的人们被火星甜甜圈迷住了……他们恨不得把它吃光！

在对机遇号拍摄的照片进行了数周的分析后，美国宇航局的科学家们确定，看起来像甜甜圈的东西实际上只是一块普通的石头，机遇号四处行驶时，车轮把它抬起来让它出现在了镜头前。

2 火星兔

美国宇航局的机遇号火星车从未在火星上发现生命，但在一张子午线平原的照片中，它确实发现了一个神秘的物体，看起来像一只长耳朵的兔子。这张照片是在2004年3月发布的（大约在机遇号到达火星两个月后），作为“任务成功”全景图的一部分。在微弱的火星风中，兔子的耳朵似乎在轻微地移动，所以它不可能是一块岩石。美国宇航局的工程师说，它似乎是“一块柔软的材料，肯定来自我们的飞行器”，就像棉花绝缘材料或高强度纤维罩一样。

图片来源：美国宇航局

3 火星上的蓝莓

就在机遇号探测器到达这颗红色星球几个月后，它的相机在着陆点附近发现了这片看似美味的岩石。由于不知道这到底是什么，科学家们开始称这些奇怪的球形岩石为“蓝莓”。目前还不清楚这些岩石究竟是如何形成的，但科学家们认为，它们是火星过去有非常多水的最早证据之一。

图片来源：美国宇航局 / 加州理工学院喷气推进实验室 / 康奈尔大学 / 南卡罗来纳大学斯巴坦堡分校

4 火星上有个人？

机遇号的孪生兄弟——一辆几乎一模一样的名为勇气号的火星车，在这颗红色星球漫游期间也有一些奇怪的发现。2007 年，勇气号拍下了一张照片，岩石上靠着一个形似人类的物体。虽然有些人将这张照片解释为火星上存在生命的证据，但美国宇航局向所有人保证，这个“身影”只是一块岩石。

图片来源：美国宇航局 / 加州理工学院喷气推进实验室 / 康奈尔大学

5 第一块地外陨石

2005 年 1 月 6 日，机遇号在火星上发现了一块篮球大小的陨石——这是在地球以外的另一个星球上发现的第一块陨石。机遇号的光谱仪仔细观察了这块太空岩石，确定它主要由铁和镍组成。美国宇航局将这块陨石命名为隔热板岩，因为它是在机遇号的隔热板附近发现的，而隔热板在 2003 年机遇号着陆时被丢弃了。

图片来源：美国宇航局 / 喷气推进实验室 / 康奈尔大学

詹姆斯·韦布太空望远镜

关于美国宇航局哈勃望远镜继任者的一切

■ 撰文：伊丽莎白·豪厄尔

美国宇航局的詹姆斯·韦布太空望远镜（JWST）计划于 2021 年发射，它将探测宇宙，揭示从大爆炸到外星行星形成等宇宙历史。它将聚焦在四个主要领域：宇宙中的第一束光，早期宇宙中星系的聚集，恒星和原行星系统的诞生，以及行星（包括生命的起源）。

詹姆斯·韦布太空望远镜将由阿丽亚娜 5 号火箭从法属圭亚那发射升空，然后用 30 天的时间飞行约 160 万千米后到达它的永久家园：拉格朗日点，即太空中引力稳定的位置。它将围绕 L2 轨道运行，这是太空中地球附近与太阳相对的一个点。这是其他几架太空望远镜的热门地点，包括赫歇尔太空望远镜和普朗克太空天文台。

你知道吗？

詹姆斯·韦布太空望远镜的任务至少要花 5 年，但预计将运行 10 年以上

这架价值 88 亿美元的强大探测器还有望像它的前任哈勃太空望远镜一样，拍摄出令人惊叹的天体照片。对天文学家来说幸运的是，哈勃太空望远镜仍然处于良好状态，这两个望远镜很可能会在詹姆斯·韦布太空望远镜的早年一起工作。詹姆斯·韦布太空望远镜还将观察开普勒太空望远镜发现的系外行星，或实时跟进地面太空望远镜观测到的景象。

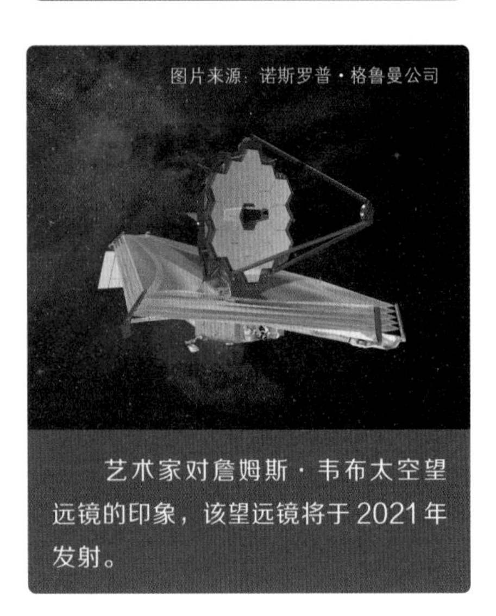
图片来源：诺斯罗普·格鲁曼公司

艺术家对詹姆斯·韦布太空望远镜的印象，该望远镜将于 2021 年发射。

詹姆斯·韦布太空望远镜的科学任务

詹姆斯·韦布太空望远镜的科学任务主要分为四个领域：

最初的光和再电离：这指的是宇宙大爆炸之后的早期阶段，这一阶段开启了我们今天所知道的宇宙。在大爆炸后的最初阶段，宇宙是粒子（如电子、质子和中子）的海洋，在宇宙冷却到足以让这些粒子开

图片来源：美国宇航局 / 德西蕾·斯托弗（Desiree Stover）

2017 年，美国宇航局的技术人员在戈达德太空飞行中心的一间洁净室中移动詹姆斯·韦布太空望远镜的主镜。

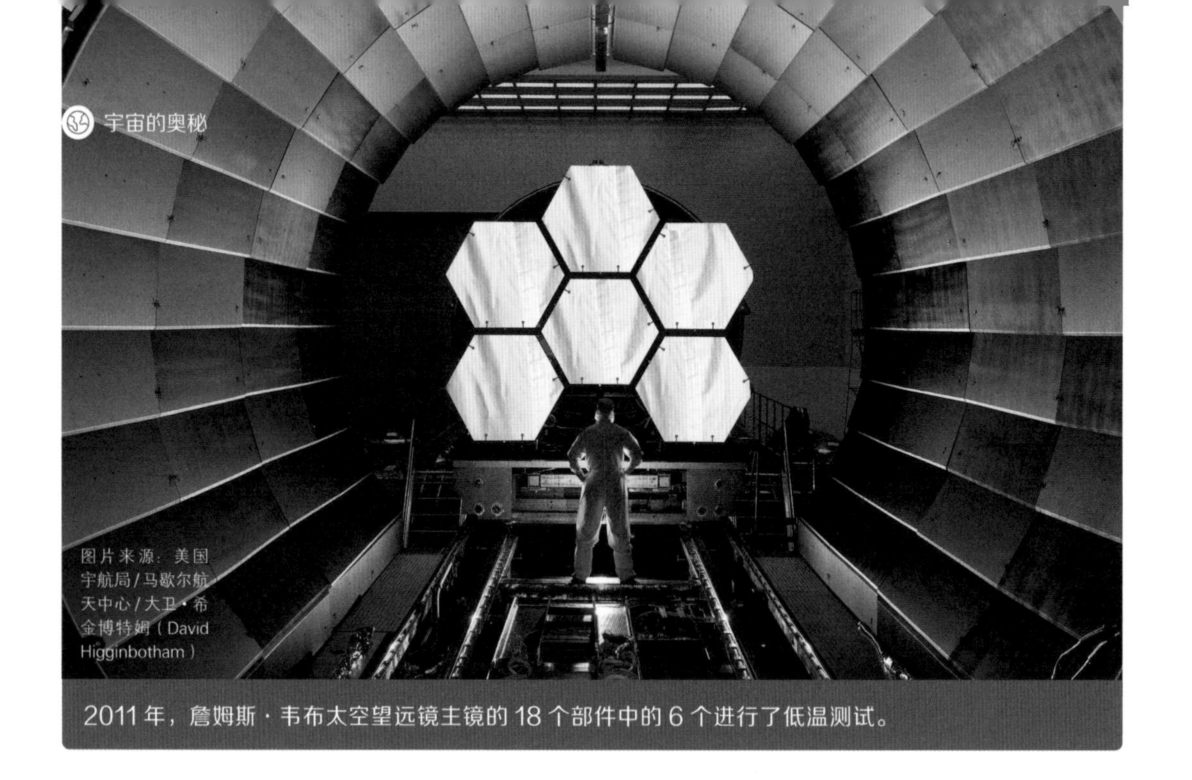

图片来源：美国宇航局/马歇尔航天中心/大卫·希金博特姆（David Higginbotham）

2011 年，詹姆斯·韦布太空望远镜主镜的 18 个部件中的 6 个进行了低温测试。

始结合之前，光是看不见的。詹姆斯·韦布太空望远镜将研究的另一件事是第一批恒星形成后发生了什么，这个时代被称为“再电离时代”，因为它指的是中性氢被第一批恒星的辐射再电离（重新带电荷）的时候。

星系的聚集：观察星系是一种有用的方法，可以看到物质是如何在巨大的尺度上组织起来的，这反过来又给了我们关于宇宙如何演化的信息。我们今天看到的螺旋星系和椭圆星系实际上是在数十亿年的时间里从不同的形状演变而来的，詹姆斯·韦布太空望远镜的目标之一就是回顾最早的星系，以更好地理解这种演变。科学家们也在试图弄清今天可见的各种星系是如何形成的，以及目前星系形成和聚集的方式。

恒星和原行星系统的诞生：老鹰星云处的“创世之柱”是最著名的恒星诞生地之一。恒星是在气体云中形成的，随着恒星的成长，它们施加的辐射压力会吹走茧状的气体（如果不是太分散的话，这些气体可以再次用于其他恒星的诞生）。然而，很难看到这些气体的内部。詹姆斯·韦布太空望远镜的红外眼睛将能够看到热源，包括在这些茧中诞生的恒星。

行星以及生命的起源：在过去的十年里已经发现了大量的系外行星，包括美国宇航局寻找行星的开普勒太空望远镜所发现的。詹姆斯·韦布太空望远镜强大的传感器将能够更深入地观察这些行星，包括（在某些情况下）对它们的大气进行成像。了解行星的大气和形成条件可以帮助科学家更好地预测某些行星是否适合居住。

望远镜上的仪器

詹姆斯·韦布太空望远镜将配备四种仪器：

·近红外相机（NIRCam）

这台红外摄像机由亚利桑那大学提供，将探测附近星系和银河系内恒星发出的光。它还将搜寻早期宇宙中形成的恒星和星系发出的光。NIRCam 将配备日冕仪，可以阻挡明亮物体的光线，使这些恒星附近的暗淡物体（如行星）可见。

·近红外光谱仪（NIRSpec）

NIRSpec 将同时观测 100 个天体，寻找大爆炸后形成的第一批星系。NIRSpec 是由欧洲航天局在美国宇航局戈达德太空飞行中心的帮助下提供的。

·中红外仪器（MIRI）

MIRI 将继承哈勃的天文摄影传统，拍摄出令人惊叹的遥远天体的太空照片。作为仪器一部分的摄谱仪将使科学家能够收集更多关于宇宙中遥远天体的物理细节。MIRI 将探测遥远的星系、暗弱的彗星、形成中的恒星和柯伊伯带中的天体。MIRI 是由欧盟与欧洲航天局和美国宇航局的喷气推进实验室共同建造的。

·精细制导传感器/近红外成像仪和无缝隙光谱仪（FGS/NIRISS）

这台由加拿大航天局制造的仪器更像是两台仪器合二为一。FGS 组件负责保持詹姆斯·韦布太空望远镜在其探测期间准确地指向正确的方向。NIRISS 将扫描宇宙，寻找宇宙中第一束光的迹象，并寻找和描绘外星行星。

詹姆斯·韦布（James Webb）

詹姆斯·韦布太空望远镜以美国宇航局前局长詹姆斯·韦布的名字命名。韦布从 1961 年到 1968 年主持航天局，就在 NASA 将第一个人送上月球的几个月前退休。

虽然韦布作为美国宇航局局长的任期与阿波罗计划密切相关，但他也被认为是太空科学的领导者。即使在政治动荡时期，韦布也为美国宇航局设定了科学目标，他写道，发射太空望远镜应该是宇航局的一个关键目标。

在韦布的指导下，美国宇航局发射了超过 75 个太空科学任务。这些任务包括研究太阳、恒星、星系以及地球大气层正上方的太空。

图片来源：美国宇航局

美国宇航局第二任局长詹姆斯·韦布的官方肖像，1966 年。

图片来源：美国宇航局

詹姆斯·韦布太空望远镜是有史以来最雄心勃勃的太空望远镜。

* 正文收录内容截至 2019 年。詹姆斯·韦布空间望远镜于 2021 年 12 月 25 日发射升空；2022 年 1 月 24 日顺利进入围绕日地系统第二拉格朗日点的运行轨道。2022 年 7 月中旬，韦布空间望远镜正式开始工作，拍摄第一批用于科学研究的照片。当地时间 7 月 8 日，美国宇航局（NASA）公布了詹姆斯·韦布空间望远镜（JWST）拍摄到照片的首批天体名单，包括星系、星云和太阳系外巨行星。2022 年 7 月 20 日，詹姆斯·韦布空间望远镜可能发现了宇宙中已知最早的星系，该星系已经存在 135 亿年。8 月 1 日，媒体报道，望远镜发现一个几乎没有重元素的奇怪遥远星系。美国国家航空航天局 2022 年 9 月 1 日说，詹姆斯·韦布空间望远镜首次拍摄到一颗系外行星的直接图像，该颗星被命名为 HIP 65426 b 的系外行星是一颗不宜居住的气态巨行星，其质量是木星的 6~12 倍，年龄在 1500 万年至 2000 万年之间，比地球年轻得多。2024 年 5 月 8 日，美国宇航局韦布望远镜发现一颗系外岩石行星可能有大气层。

系外
行星
我们对太阳系以外
的世界了解多少？
■ 撰文：伊丽莎白·豪厄尔
图片来源：美国宇航局/艾姆斯研究中心/
地外文明搜索研究所/喷气推进实验室

开普勒-186f行星是第一颗经证实的大小与地球相仿的系外行星，它在其星系的宜居带上围绕其恒星运行。

系外行星是太阳系之外的行星。在过去的20年里，人类已经发现了数千颗这样的行星，其中大部分是由美国宇航局的开普勒太空望远镜发现的。

这些行星的大小和轨道千差万别。有些是巨大的行星，紧紧地拥抱着它们的母恒星；有些是冰冻的，有些是岩石的。美国宇航局和其他太空机构正在寻找一种特殊的行星：和地球一样大，在宜居带围绕一颗类似太阳的恒星运行。

宜居带是指在离恒星一定距离的范围内，行星的温度允许液态水形成海洋，这对地球上的生命至关重要。最早对宜居带的定义是基于简单的热平衡，但目前对宜居带的计算包含其他许多因素，包括一颗行星大气层的温室效应。

这使得宜居带的边界变得“模糊”。天文学家在2016年8月宣布，他们可能已经发现了一颗围绕比邻星运行的行星。研究人员说，这颗新发现的行星被称为比邻星B，质量大约是地球的1.3倍，这表明这颗系外行星是一个岩石世界。这颗行星也位于其恒星的宜居带，距离它的主恒星只有750万千米。它每11.2个地球日绕其恒星一周。因此，这颗系外行星很可能是潮汐锁定的，这意味着它总是以同一面对着它的主恒星，就像月球只向地球显示一面（正面）一样。

大多数系外行星都是由开普勒太空望远镜发现的，它于2009年开始工作，并于2018年10月因燃料耗尽而退役。到退役时，开普勒已经发现了2600多颗系外行星（这些行星已经确认），并揭示了可能还有数千颗其他行星的存在。截至2019年5月，所有天文台发现的系外行星总数为4065颗。

早期发现

虽然系外行星直到20世纪90年代才被证实，但在此之前多年天文学家就确信它们存在。不列颠哥伦比亚大学天体物理学家杰米·马修斯（Jaymie Matthews）告诉太空网，这不是一厢情愿的想法，只是因为我们自己的太阳和其他类似恒星的旋转速度非常慢。马修斯是微型卫星MOST的首席研究员，参与了一些最早的系外行星的发现。

关于太阳系的起源，天文学家有一个故事。简单地说，一团旋转的气体尘埃云（称为原太阳星云）在自身引力作用下坍缩，形成了太阳和行星。随着云团的坍缩，角动量守恒意味着即将成

一位艺术家对系外行星 Trappist-1f 表面的印象。

为太阳的天体应该旋转得越来越快。但是，太阳的质量占了太阳系质量的 99.8%，而行星的角动量却占了太阳系角动量的 96%。天文学家不禁好奇为什么太阳旋转得这么慢。

即将成为太阳的天体应该有一个非常强的磁场，磁场的力线伸向旋转的气体盘，行星就是从这些气体盘中形成的。这些磁场线与气体中的带电粒子相连，就像锚一样，减缓了形成中的太阳的旋转，并使最终变成行星的气体旋转起来。大多数像太阳这样的恒星都旋转得很慢，所以天文学家推断它们也经历了同样的"磁制动"，也就是说它们也经历了行星的形成。这意味着：行星在类太阳恒星周围一定很常见。

出于诸如此类的原因，天文学家最初将对系外行星的搜索范围限制在与太阳相似的恒星上，

天文学家正在其他星系中寻找可能适合居住的类地世界。

但最初发现的两颗行星是 1992 年在一颗脉冲星（一颗快速旋转的恒星尸体，以超新星的形式死亡）周围发现的，该脉冲星名为 PSR 1257+12。1995 年，第一个被证实的围绕类太阳恒星运行的行星是飞马座 51b，这颗行星质量与木星相当，它与太阳的距离比我们与太阳的距离近 20 倍。这是一个惊喜。但七年前出现的另一个奇怪现象暗示了未来将会有大量的系外行星。

1988 年，加拿大的一个研究团队在伽马造父变星（Gamma Cephei）周围发现了一颗木星大小的行星，但由于它的轨道比木星的轨道小得多，科学家们并没有宣称发现了一颗确定的行星。“我们没想到会有这样的行星。它与我们太阳系中的一颗行星既相似又非常不同，所以他们很谨慎。”马修斯说。

最初发现的大多数系外行星都是木星大小（或更大）的巨型气态行星，它们绕着母恒星运行。这是因为天文学家当时依靠径向速度技术，该技术测量的是当一颗或多颗行星围绕恒星运行时，恒星“摆动”的幅度。这些靠近的大行星对它们的母恒星会相应产生巨大的影响，从而更容易探测到摆动。

你知道吗？

自 20 世纪 90 年代初以来，已知系外行星的数量大约每 27 个月翻一番

在发现系外行星之前，仪器只能测量到速度一千米每秒的恒星运动，这对于探测行星引起的摆动来说太不精确了。根据马修斯的说法，现在一些仪器可以测量低至一厘米每秒的速度。“部分原因是仪器更好了，但同时也是因为在从数据中提取微妙信号方面，天文学家现在更有经验了。”

开普勒望远镜、系外行星凌日测量卫星（TESS）以及其他天文台

开普勒于 2009 年发射升空，其主要任务是观察天鹅座的一个区域。开普勒执行了 4 年的任务——是最初计划时长的两倍，直到大部分反作用轮（指向装置）失效。美国宇航局随后让开普

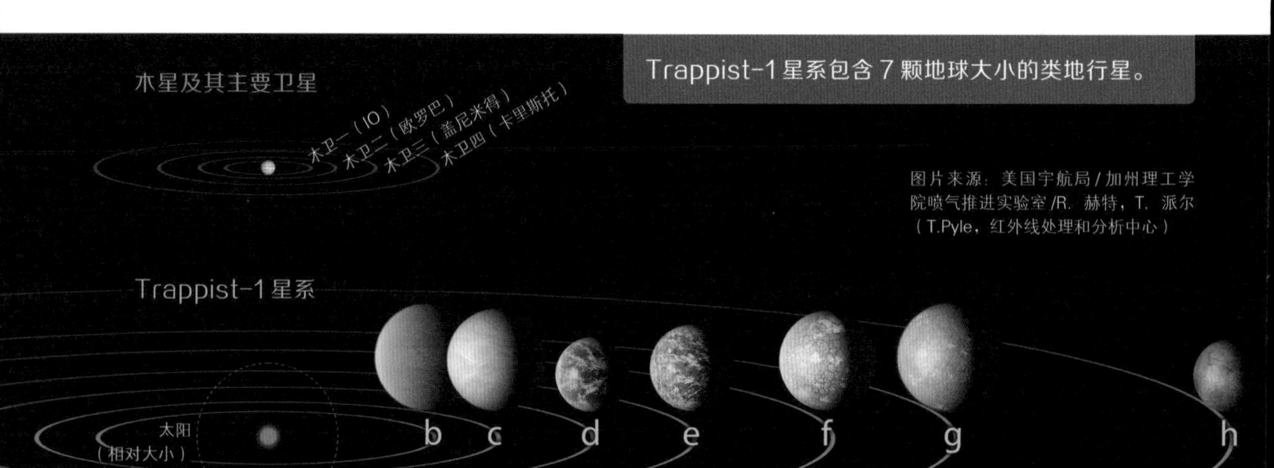

Trappist-1 星系包含 7 颗地球大小的类地行星。

图片来源：美国宇航局 / 加州理工学院喷气推进实验室 /R. 赫特，T. 派尔（T.Pyle，红外线处理和分析中心）

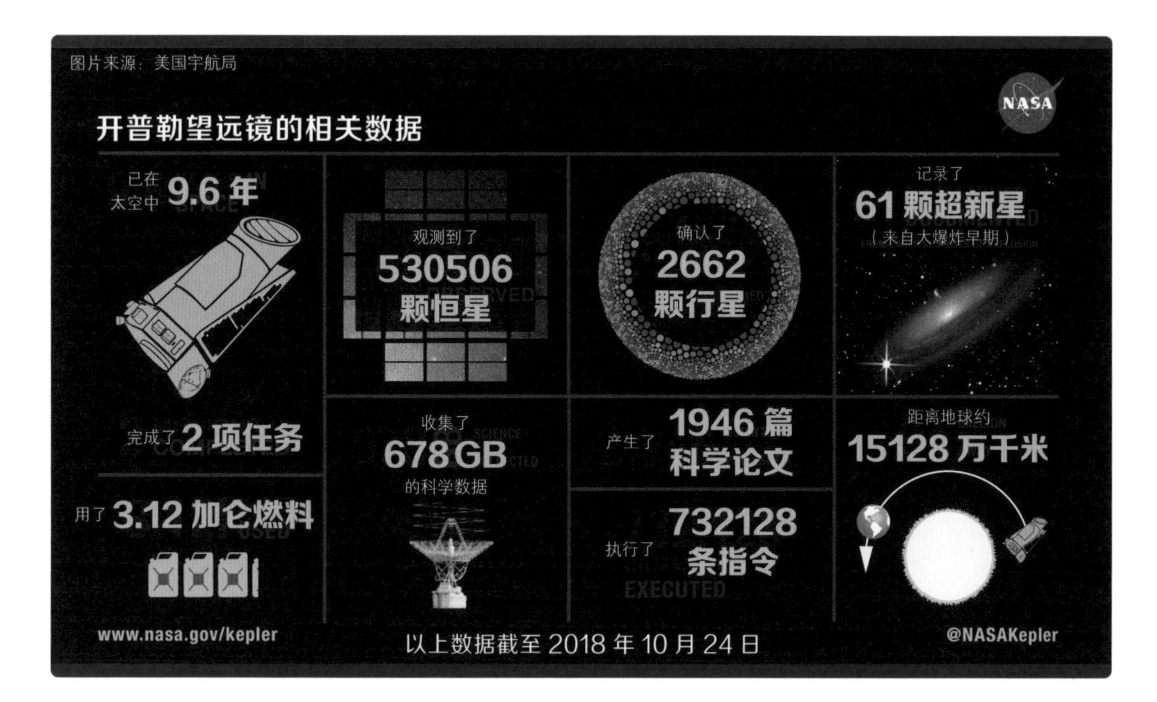

图片来源：美国宇航局
NASA
开普勒望远镜的相关数据
已在太空中 9.6 年
观测到了 530506 颗恒星
确认了 2662 颗行星
记录了 61 颗超新星（来自大爆炸早期）
完成了 2 项任务
收集了 678GB 的科学数据
产生了 1946 篇科学论文
距离地球约 15128 万千米
用了 3.12 加仑燃料
执行了 732128 条指令
www.nasa.gov/kepler
以上数据截至 2018 年 10 月 24 日
@NASAKepler

勒执行了一项名为 K2 的新任务——利用太阳风的压力来保持自己在太空中的位置。这个天文台会周期性地变换视野以避免太阳的强光照射。在切换到 K2 状态之后，开普勒发现新行星的速度减慢了，但使用新方法它仍然发现了数百颗系外行星。在 2018 年 2 月发布的最新数据显示，它的发现包括了 95 颗新行星。

开普勒望远镜发现了大量不同类型的行星。除了气态巨行星和类地行星，它还帮助定义了一个全新的类别，即“超级地球”：大小介于地球和海王星之间的行星。其中一些位于其恒星的宜居带，但天体生物学家正在重新考虑生命如何在这样的世界中发展。开普勒的观测表明，在我们的宇宙中有大量的超级地球。奇怪的是，我们的太阳系似乎没有这么大的行星，尽管理论上可能有一颗绰号为“第九行星”的大行星潜伏在海王星之外。

热木星是银河系中最常见的系外行星之一。

图片来源：欧洲航天局/哈勃望远镜和美国宇航局

开普勒寻找行星的方法主要是凌日法。它会监测恒星的光线，如果光线以规律的、可预测的间隔变暗，那就表明一颗行星正飞过恒星的表面。2014 年，开普勒的天文学家（包括马修斯以前的学生贾森·罗 [Jason Rowe]）公布了一种新的“多重验证”方法，提高了天文学家将候选行星升级为确认行星的速度。这项技术是基于轨道的稳定性——恒星在短时间内发生多次凌日现象只能是由于小轨道上的行星掠过，因为如果是由于多颗食变星导致的类似现象，这些恒星可能在形成之初的几百万年内就通过引力作用将彼此逐出该星系了。

在开普勒完成任务的同时，一个名为系外行星凌日测量卫星的新望远镜于 2018 年 4 月发射升空。系外行星凌日测量卫星每 13.7 天绕地球一圈，并在两年内进行一次全覆盖巡天。它在第一年探测南半球，第二年探测北半球（包括最初开普勒探测的领域）。预计该天文台将发现更多的系外行星，包括至少 50 颗与地球大小相近的系外行星。

“开普勒揭示了不同星球的丰富信息”

值得注意的系外行星

有成千上万的选择，很难缩小到几个。位于宜居带的小型固体行星自然会脱颖而出，但马修斯挑出了另外四颗系外行星，它们扩展了我们对行星形成和演化的看法。

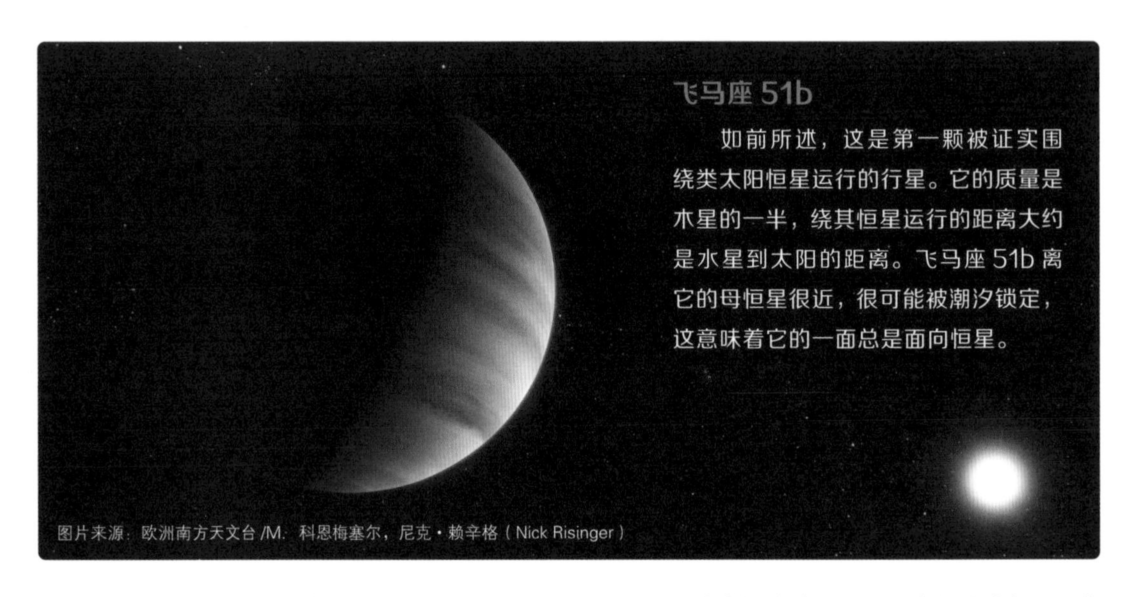

飞马座 51b

如前所述，这是第一颗被证实围绕类太阳恒星运行的行星。它的质量是木星的一半，绕其恒星运行的距离大约是水星到太阳的距离。飞马座 51b 离它的母恒星很近，很可能被潮汐锁定，这意味着它的一面总是面向恒星。

图片来源：欧洲南方天文台 /M. 科恩梅塞尔，尼克·赖辛格（Nick Risinger）

过去和现在的著名行星搜寻天文台

- 欧洲南方天文台位于智利的拉西拉天文台 3.6 米望远镜上的 HARPS 光谱仪，于 2003 年第一次启用。该仪器的设计目的是观察行星围绕恒星旋转过程中引起的恒星摆动。HARPS 已经发现了 100 多颗系外行星，并被定期用于确认开普勒和其他天文台的观测结果。
- 加拿大航天局的微型卫星 MOST，上面装有加拿大的第一个太空望远镜，于 2003 年开始观测。MOST 被设计研究星震学，或者说用来观测恒星的震动以便研究恒星内部结构。但它也参与搜寻系外行星，比如发现了系外行星巨蟹座 55e。
- 法国航天局的对流旋转与行星凌日卫星（CoRoT），在 2006—2012 年间运行。它发现了几十颗确定行星，包括 COROT-7b——第一颗主要由岩石或金属组成的系外行星。
- 美国宇航局 / 欧洲航天局的哈勃太空望远镜和美国宇航局的斯皮策太空望远镜，它们分别定期以可见光或红外波长观察行星（有关行星大气层的更多信息可通过红外线获取）。
- 欧洲系外行星特征卫星（CHEOPS），于 2019 年底发射。该任务旨在精确计算行星的直径，特别是那些质量介于超级地球和海王星之间的行星。
- 美国宇航局的詹姆斯·韦布太空望远镜，于 2021 年发射。它专门用于观察红外波长。这个强大的天文台有望揭示更多关于某些系外行星环境可居住性的信息。
- 欧洲航天局的行星凌日和恒星振荡（PLATO）望远镜，预计将于 2024 年发射。它被设计用于了解行星是如何形成的，以及如果有条件的话，哪些条件可能有利于生命的存在。
- 欧洲航天局的大气遥感红外系外行星大调查（ARIEL）卫星，计划于 2028 年年中发射。它被设计用来观察大约 1000 颗系外行星，并将调查它们大气的化学成分。

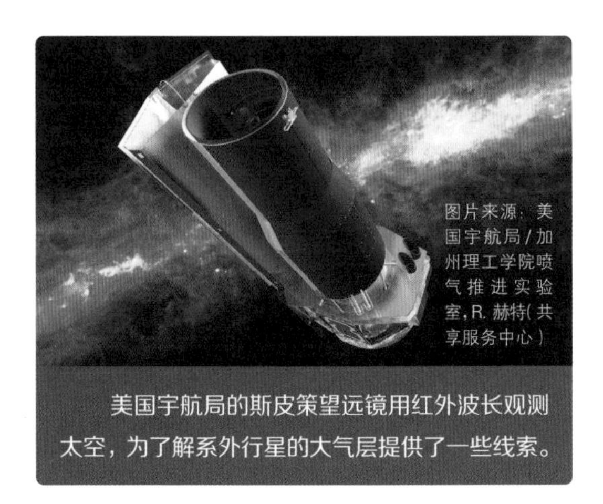

图片来源：美国宇航局 / 加州理工学院喷气推进实验室，R. 赫特（共享服务中心）

美国宇航局的斯皮策望远镜用红外波长观测太空，为了解系外行星的大气层提供了一些线索。

图片来源：美国宇航局

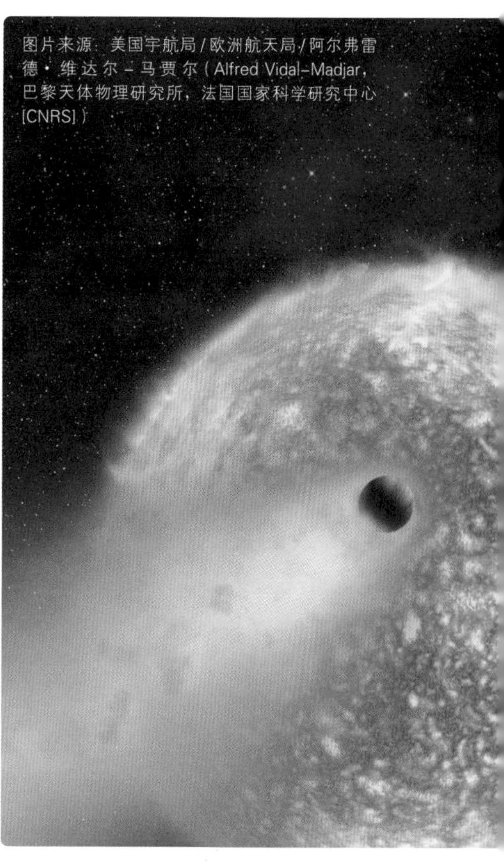
图片来源：美国宇航局/欧洲航天局/阿尔弗雷德·维达尔－马贾尔（Alfred Vidal-Madjar，巴黎天体物理研究所，法国国家科学研究中心［CNRS］）

上图：

WASP-33B

这颗行星是在2011年发现的，它有一层类似“防晒霜”的平流层，可以吸收来自其母星的一些可见光和紫外线。这颗行星不仅是“倒退着”围绕它的恒星运行的，而且它还引发了星震。

右图：

HD 209458 B

这是（1999年）发现的第一颗凌日行星（尽管它是通过多普勒摆动技术发现的），在随后的几年里，对它有了更多的发现。它是太阳系外第一颗我们可以确定大气情况的行星，包括温度分布和云层的缺乏。

巨蟹座55e

这颗超级地球围绕着一颗亮到肉眼可见的恒星运行，这意味着比起其他任何恒星，天文学家可以更详细地研究这个恒星系。它的“一年”只有17小时41分钟（这是研究者们在2011年盯着这个星系看了两周后发现的）。理论家推测，这颗行星可能富含碳，内核是钻石。

图片来源：美国宇航局/加州理工学院喷气推进实验室

新的太空竞赛

私人太空旅行将如何改变美国宇航局未来60年的面貌?

■ 撰文：多丽丝·埃琳·萨拉查

美国宇航局未来的60年可能会与最初的60年大不相同。当该机构于1958年开始营业时，私人太空飞行还只是科幻小说中的梦想。但埃隆·马斯克的太空探索技术公司和杰夫·贝佐斯（Jeff Bezos）的蓝色起源（Blue Origin）等公司正在努力使这一梦想成为现实，首次向大量人口开放太空前沿。美国宇航局将在私营部门的发射中扮演什么角色？太空网最近与三位商业航天专家进行了交谈，以获得一些想法。

首先，人们应该明白，全球大约75%的太空企业已经商业化，斯坦福大学航空航天系兼职教授斯科特·哈伯德（Scott Hubbard）说。这包括美国直播电视集团（DirecTV）和美国卫星广播公司（Sirius XM）的卫星。哈伯德说，新鲜的地方“在于将其扩展到人类领域”，他之前曾领导过美国宇航局位于硅谷的艾姆斯研究中心（Ames Research Center）。他就好像美国宇航局的“火星皇帝”，在20世纪90年代遭遇数次失败后，重组了机器人红色星球探测计划。如果私人公司能够将亚轨道飞行的价格降至5万美元左右，“会有很多人感兴趣”，哈伯德告诉太空网。

> **你知道吗?**
>
> **2017年的一项研究发现，由太空探索技术公司来执行货物补给，每千克货物可以为美国宇航局节省约18.3万美元**

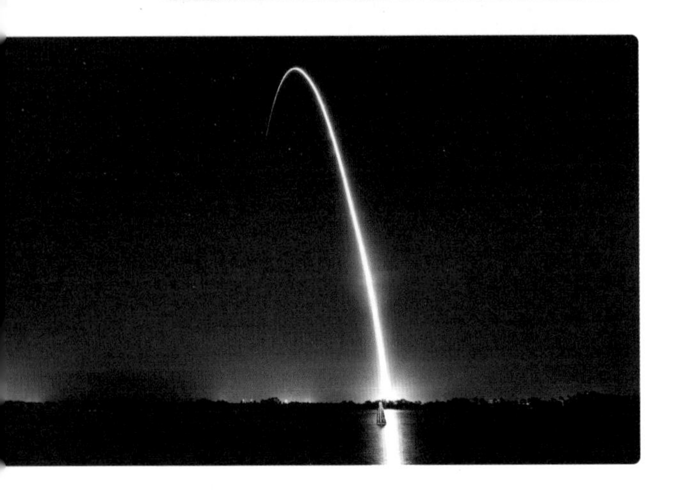

目前美国宇航局和私营部门之间正在进行的最引人注目的项目是商业宇航员计划，非营利商业航天联合会主席埃里克·斯托默（Eric Stallmer）表示。

商业宇航员计划正在鼓励美国宇宙飞船的发展，这些飞船运送宇航员往返国际空间站。为此，美国宇航局已经与太空探索技术公司和波音公司签订了数十亿美元的合同，这两家公司分别建造了名为“载人龙飞船”（Crew Dragon）和“CST-100星际客机（Starliner）”的太空舱。

还有日渐成熟的商业货运项目，美国宇航局已与太空探索技术公司和诺斯罗普·格鲁曼公司签订了用机器人向国际空间站运送货物的合同。这两家公司已经完成了多次货运飞行。

哈伯德和斯托默都认为，依靠私营企业在近地轨道上提供这样的服务，美国宇航局获益不少。哈伯德认为，这一策略允许宇航局继续“探索确实不能实行商业化的领域边缘”。

斯托默说，美国宇航局的预算大约是第二大国家航天局预算的五倍，但美国宇航局雄心勃勃的目标仍然昂贵无比。为了获得最大的回报，“你必须利用私营部门的创新和技术，让宇航局做那些精致的”项目。斯托默解释说，这些“精致”的项目是“挑战极限类型的推动更深层次太空探索的事情”。

“我认为这不仅是一种合作，甚至可能是相互依存，”哈伯德说，“如果没有蓬勃发展的航天企业部门，我认为（普通人）进行深空探索是不可持续的。”他补充说：“我认为，利用私营部门已经证明他们可以通过更接近流水线的生产

诺斯罗普·格鲁曼公司的天鹅座货运飞船已经到国际空间站执行了几次补给任务。

2018 年，美国宇航局公布了即将乘坐太空探索技术公司和波音公司的商业航天器前往国际空间站的第一批宇航员。

美国宇航局未来的火星计划可能依赖于与私营公司的持续合作。

技术来降低成本，这种方式对未来的可持续太空探索至关重要。”

美国宇航局商业航天主任菲尔·麦卡利斯特(Phil McAlister) 也提倡这种公私合作关系。私营公司的优势是“灵活、快速，在不完全了解的情况下也可以做出决定——然后根据需要向前推进和调整”，麦卡利斯特告诉太空网。

麦卡利斯特说，与私营企业相比，宇航局官员“有很多会议……很多讨论，而且事情往往需要更长的时间”。他解释说：“私营部门想要快速行动，想要节约成本，而美国宇航局拥有我们 50 年的载人航天经验……把这两件事结合在一起，它们实际上能够非常有效地互补。”

斯托默说，现在已经有更多人在分享私人航天这块“蛋糕”了。像洛克希德·马丁（Lockheed Martin）公司、波音公司和诺斯罗普·格鲁曼公司这些航空巨头，它们本来是为美国宇航局和美国国家海洋和大气管理局制造硬件，现在也可能继续致力于签下巨额的国防合同。此外，这些标准的政府采购供应商也不再是美国宇航局的唯一选择。

“我认为，在未来，”斯托默说，“过去由三巨头或四巨头获得的合同将流向其他地方。你会看到更小、更灵活的公司进入市场，争夺这方面的很多工作。因此，可供选择的将不仅仅是标准的政府采购供应商，而是有更大的选择范围。”

麦卡利斯特还表示，由于非政府航天客户的出现，现在拥有并操作航天器的人发生了重大变化。“我认为，航天领域的非政府客户是最近 10 年或 15 年才真正出现的，”他说，“在此之前，几乎只有美国航空航天局和别国政府进行航天活动，在当时的情况下，宇航局拥有并运营硬件是很合理的。”

但是，麦卡利斯特补充说：“既然有机会为其他类型的客户提供航天服务，那么将一些开发责任转移给公司、转移给私营部门是有道理的。允许私营部门拥有并操作自己的硬件，然后他们可以卖给其他客户，这就降低了宇航局和所有人的成本，因为私营部门可以在更大范围的客户群中分摊自己的固定成本。”他称这是“一种双赢的局面”。

未来的太空飞行客户将会是谁？富人，至少在短期内是这样。毕竟，人类太空旅行，即使是到附近的亚轨道区域，在一段时间内可能仍然会相当昂贵，专家们表示。

但这并不意味着我们其他人于正在进行的私人航天革命没有作用。“我认为我们需要很多创造型人才，”斯托默若有所思地说，“我们还需要大量的建筑工人……而不仅仅是航空航天工程师。我们需要工匠，用手进行创造的人。”

美国宇航局选择了六家私营公司来帮助开发深空栖息地的概念产品和地面原型。

除了技术创新，像太空探索技术公司的“星际人”发射这样的创新也帮助重新激发了公众对太空探索的兴趣。

可重复使用火箭的发展大大降低了发射成本。

2019 太空日历

火箭发射、天象和更多值得记住的太空活动

■ 撰文：亨内基·韦特林

* 内容来自太空飞行网（Spaceflight Now）

6月

6月3日
新月

6月5日
阿丽亚娜空间公司提供的阿丽亚娜5号火箭在法属圭亚那的库鲁航天发射场，发射美国直播电视集团的DirecTV 16和欧洲通信卫星公司的Eutelsat 7C通信卫星。

6月12日
美国宇航局在佛罗里达州卡纳维拉尔角空军基地对猎户座飞船的发射中止系统进行测试。

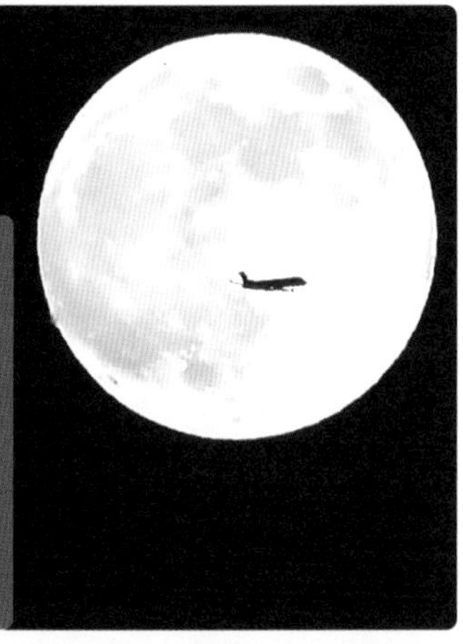

6月17日
满月。“草莓月亮”在美国东部时间凌晨4点31分（格林尼治标准时间8:31）达到满月。

6月19日
月掩土星。南美和非洲南部部分地区的天文观测者如愿观测到月球从土星前面经过。与此同时，世界其他地区的天文观测者看到这两个天体靠近或会合。

6月21日
- 夏至。今天是北半球夏季的第一天，也是南半球冬季的第一天。
- 俄罗斯质子火箭于美国东部时间上午9点44分（格林尼治标准时间13:44）在哈萨克斯坦拜科努尔航天发射场发射Spektr-RG X射线天文台。

6月24日
第59远征队的三名宇航员在国际空间站待了6个多月后返回地球。美国宇航局宇航员安妮·麦克莱恩（Anne McClain）、加拿大航天局宇航员大卫·圣雅克和俄罗斯宇航员奥列格·科诺年科（Oleg Kononenko）乘坐联盟号MS-11宇宙飞船离开国际空间站，在哈萨克斯坦着陆。

6月27日
- 美国联合发射联盟的阿特拉斯-5型（Atlas V）运载火箭发射美国军方第五颗“先进极高频”卫星（AEHF）。
- 俄罗斯联盟号火箭搭载流星M2-2极轨气象卫星和40颗小型卫星从俄罗斯东方航天发射场发射升空。

6月30日
小行星日

6月的发射活动还有：
- 太空探索技术公司的猎鹰重型火箭在肯尼迪航天中心执行美国空军的太空测试计划-2任务。
- 太空探索技术公司对载人龙飞船进行飞行中止测试。

7月

7月2日

在南美洲可以看到日全食。这是2019年唯一一次日全食。

7月8日

太空探索技术公司的猎鹰9号火箭在佛罗里达州卡纳维拉尔角空军基地发射"龙"货运飞船（CRS-18），执行飞往国际空间站的任务。

7月16日

- 在南美、欧洲、非洲、亚洲和澳大利亚都能看到月偏食。
- 满月。"雄鹿月"在美国东部时间下午5点38分（格林尼治标准时间21:38）达到满月。

7月20日

- 阿波罗11号登月50周年纪念日。
- 第60远征队的三名宇航员乘坐联盟号MS-13宇宙飞船前往国际空间站：美国宇航局宇航员安德鲁·摩根（Andrew Morgan）、欧洲航天局意大利宇航员卢卡·帕尔米塔诺（Luca Parmitano）和俄罗斯宇航员亚历山大·斯克沃尔佐夫（Aleksandr Skvortsov）。他们于美国东部时间12:25（格林尼治标准时间16:35），从哈萨克斯坦拜科努尔航天发射场搭乘联盟号火箭升空。

7月25日

载人龙飞船师范2号：太空探索技术公司的载人龙飞船计划进行首次载人试飞，前往国际空间站，美国宇航局宇航员道格·赫尔利 (Doug Hurley) 和鲍勃·本肯 (Bob Behnken)（如图）在飞船上。

7月31日

- 黑月亮。8月1日美国东部时间晚上11:13（格林尼治标准时间3:13），月球在月周期内第二次进入新阶段。
- 俄罗斯发射一艘进步号宇宙飞船，向国际空间站运送货物。它在哈萨克斯坦的拜科努尔航天发射场搭乘联盟号火箭升空。

7月的发射活动还有：

- 日本发射HTV-8货运飞船，执行国际空间站补给任务。它搭乘日本H-2B火箭从种子岛航天中心发射升空。
- 中国在文昌发射中心用长征五号火箭发射实践二十号通信卫星。
- 阿丽亚娜空间公司使用织女星火箭为阿拉伯联合酋长国发射猎鹰之眼1地球成像卫星。它从法属圭亚那的库鲁升空。

8 月

8 月 9 日

木星合月。这颗气态巨行星在夜空中与月亮相遇。在美国东部时间下午 6 点 53 分（格林尼治标准时间 22:53），月球位于木星以北 2 度左右。

8 月 12 日

月掩土星。澳大利亚、新西兰和法属波利尼西亚的天文观测者看到月亮从土星前面经过。与此同时，世界其他地区的天文观测者看到这两个天体靠近或会合。

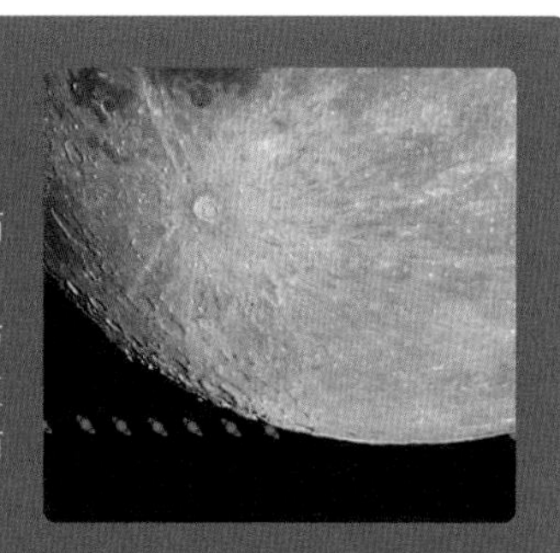

8 月 13 日

英仙座流星雨达到顶峰。

8 月 15 日

满月。“鲟鱼月”在美国东部时间上午 8 点 29 分（格林尼治标准时间 12:29）达到满月。

8 月 17 日

波音 CST-100“星际客机”会执行首次无人飞行任务，到国际空间站，称为轨道飞行测试（OFT）。它在佛罗里达州的卡纳维拉尔角空军基地由联合发射联盟的阿特拉斯 -5 型火箭发射升空。该任务从 4 月推迟到不早于 8 月。

8 月 22 日

俄罗斯联盟号火箭在哈萨克斯坦拜科努尔航天发射场发射无人驾驶的联盟 MS-14 宇宙飞船。联盟号飞船这次的任务并非将宇航员送到国际空间站（这正是其设计目的），它被用于测试新修改的发射中止系统。

8 月的发射活动还有：

- 阿丽亚娜航天公司的一枚织女星火箭在法属圭亚那库鲁发射多颗小型卫星，执行小型航天器任务服务（SSMS）的概念验证任务。

9 月

9 月 14 日

满月。“丰收月”在东部时间 12 点 33 分（格林尼治标准时间 04:33）达到满月。

9 月 23 日

秋分。今天是北半球秋季的第一天，也是南半球春季的第一天。

9 月 25 日

9 月 25 日 第 6 号远征队的三名宇航员乘坐联盟号 MS-15 宇宙飞船前往国际空间站：美国宇航员杰西卡·梅尔（Jessica Meir）、俄罗斯宇航员奥列格·斯克里波奇卡（Oleg Skripochka,）和阿拉伯联合酋长国的哈扎·阿里·曼苏里（Hazzaa Ali Almansoori）。他们搭乘俄罗斯联盟号火箭从哈萨克斯坦拜科努尔航天发射场发射升空。

9 月的发射活动还有：

- 日本发射 HTV-8 货运飞船，执行国际空间站补给任务。它搭乘日本 H-2B 火箭从种子岛航天中心发射升空。

10 月

10 月 3 日

美国宇航局宇航员尼克·黑格（Nick Hague）、俄罗斯宇航员阿列克谢·奥夫奇宁（Alexey Ovchinin）和阿拉伯联合酋长国的哈扎·阿里·曼苏里从国际空间站返回地球。

10 月 13 日

满月。"猎人之月"在东部时间下午 5 点 08 分（格林尼治标准时间 21:08）达到满月。

10 月 15 日

阿丽亚娜空间联盟号火箭为意大利航天局发射首颗 COMO-SkyMed 第二代（CSG 1）雷达监视卫星。作为次要任务搭载发射的还有欧洲航天局的系外行星特征卫星（CHEOPS）。这次任务从法属圭亚那的圭亚那航天中心发射。

图片来源：欧洲航天局 /ATG 媒体实验室

一位艺术家对欧洲航天局在轨运行的系外行星特征卫星的印象。

10 月 19 日

诺斯罗普·格鲁曼公司向国际空间站发射天鹅座 N-12 货运飞船。它从弗吉尼亚州的沃洛普斯岛由一枚安塔瑞斯号火箭搭载发射升空。

10 月 21—22 日

猎户座流星雨达到顶峰。

10 月的发射活动还有：

- 太空探索技术公司的猎鹰 9 号火箭在卡纳维拉尔角空军基地为美国空军的全球定位系统发射第三颗 GPS 3 卫星。

11 月

11 月 3 日

夏令时结束。凌晨 2 点的时候把你的时钟往回调一小时——这样你就可以多睡一个小时了！

11 月 2 日

月掩土星。新西兰的天文观测者看到月亮从这颗带环行星前面经过。与此同时，世界其他地区的天文观测者看到这两个天体靠近或会合。

11 月 12 日

满月。“海狸月”在美国东部时间上午 8 点 34 分（格林尼治标准时间 13:34）达到满月。

11 月 11—12 日

水星凌日。天文观测者（戴上适当的护目镜）看到小行星水星从太阳前面经过。

11 月 17—18 日

狮子座流星雨达到高峰。

2018 年 8 月最初当选执行 CST-100 的前两次飞行的宇航员［埃里克·博（Eric Boe），中］后来被迈克尔·芬克（Michael Fincke）取代。

11 月的发射活动还有：

- 波音公司的 CST-100 星际客机首次进行将宇航员送往国际空间站的试飞。波音公司的宇航员克里斯·弗格森（Chris Ferguson）、美国宇航局的宇航员迈克尔·芬克和妮可·曼恩（Nicole Mann）乘坐着它，由联合发射联盟的阿特拉斯 -5 型火箭搭载发射升空。
- 阿丽亚娜太空公司的织女星火箭在法属圭亚那的库鲁航天发射中心，发射阿拉伯联合酋长国的猎鹰之眼 2 号地球观测卫星。

12 月

12 月 4 日

俄罗斯联盟号火箭向国际空间站发射进步号货运飞船。

12 月的发射活动还有：

- 美国空军的超级机密 X-37B 太空飞机执行第六次机密任务。联合发射联盟的阿特拉斯 -5 型火箭在佛罗里达州卡纳维拉尔角空军基地发射这次任务。

12 月 12 日

满月。“冷月”在美国东部时间 12 点 12 分（格林尼治标准时间 05:12）达到满月。

12 月 21—22 日

大熊座流星雨达到顶峰。

12 月 13—14 日

双子座流星雨达到顶峰。

12 月 25—26 日

从阿拉伯半岛到印度尼西亚都可以看到日环食。亚洲、中东、澳大利亚和西非的大部分地区都能看到日偏食。

2019 年还有……

- 维珍轨道公司（Virgin Orbit）的“运载器一号”火箭进行首次轨道试飞。
- 印度发射月船 2 号登月探测器。它在印度斯里赫里戈达省的萨蒂什达万航天中心发射。
- 中国发射嫦娥五号，从月球带回样本。这是自 1976 年以来首次尝试月球样本返回任务。
- 由于飞马座 XL 火箭发射延期的问题，美国宇航局计划发射电离层连接探测器（ICON）。
- 国际发射服务公司质子火箭发射欧洲通信卫星公司（Eutelsat）5 West B 通信卫星和首个任务扩展飞行器，这两颗卫星都为诺斯罗普·格鲁曼公司的创新系统服务。
- 欧洲航天局在法属圭亚那库鲁的圭亚那航天中心用阿丽亚娜空间公司的织女星火箭发射小型航天器任务服务（SMSS）概念验证任务。
- 印度为印度空间研究组织发射第一颗卡托 3 号系列地球成像和测绘卫星。

维珍轨道公司的“发射一号”空对空发射系统于 2019 年晚些时候进行轨道测试飞行。

创美工厂 | 壹品 新奇有趣

出 品 人：许　永
出版统筹：林园林
责任编辑：吴福顺
责任技编：吴彦斌
　　　　　马　健
特邀编辑：嘉　嘉
封面设计：墨　非
内文制作：张晓琳
印制总监：蒋　波
发行总监：田峰铮

发　　行：北京创美汇品图书有限公司
发行热线：010-59799930
投稿信箱：cmsdbj@163.com

创美工厂
官方微博

创美工厂
微信公众号

小美读书会
微信公众号

小美读书会
读者群